Holland/Scharnbacher

Grundlagen statistischer Wahrscheinlichkeiten

Prof. Dr. Heinrich Holland
Prof. Dr. Kurt Scharnbacher

Grundlagen statistischer Wahrscheinlichkeiten

Kombinationen, Wahrscheinlichkeiten, Binomial- und Normalverteilung, Konfidenzintervalle, Hypothesentests

Bibliografische Information Der Deutschen Bibliothek
Die Deutsche Bibliothek verzeichnet diese Publikation in der Deutschen Nationalbibliografie; detaillierte bibliografische Daten sind im Internet über <http://dnb.ddb.de> abrufbar.

1. Auflage März 2004

Der Gabler Verlag ist ein Unternehmen von Springer Science+Business Media.
www.gabler.de

Umschlaggestaltung: Ulrike Weigel, www.CorporateDesignGroup.de

Gedruckt auf säurefreiem und chlorfrei gebleichtem Papier

ISBN-13: 978-3-409-12555-0 e-ISBN-13: 978-3-322-84543-6
DOI: 10.1007/978-3-322-84543-6

Vorwort

Die zunehmende Bedeutung der Statistik hat zur Folge, dass grundlegende Kenntnisse der statistischen Methodenlehre notwendig sind, um gesellschaftliche wie betriebliche Zusammenhänge erkennen und darstellen zu können.

Die deskriptive (beschreibende) Statistik berechnet auf der Grundlage vorliegender Daten Häufigkeitsanalysen, Indexberechnungen und Zeitreihenanalysen; damit beschäftigt sich unser Buch „Grundlagen der Statistik". Das vorliegende Buch behandelt die Verfahren der induktiven (schließenden) Statistik, die auf der Wahrscheinlichkeitsrechnung basiert. Dabei werden aus Stichproben Aussagen über die Grundgesamtheit formuliert.

In diesem Buch wird das Ziel verfolgt, dem Leser durch eine praxis- und problemorientierte Darstellungsweise die Anwendungsmöglichkeiten der statistischen Methoden zu vermitteln. Übersichtlich strukturierte Schemata und Zusammenfassungen geben dabei Hilfestellungen.

In jedem Kapitel wird der Stoff anhand von betrieblichen Beispielen und umfangreichen Fallstudien erläutert und vertieft. Beispielsweise wird in einem Kapitel die allgemein bekannte Wahlforschung genutzt, um daran die zugrunde liegenden statistischen Methoden zu verdeutlichen.

Viele Beispiele im Text sowie weitere Fragen und Aufgaben mit Musterlösungen im Anhang machen es möglich, den Stoff selbst zu erarbeiten.

Das vorliegende Buch ist besonders gedacht für den Unterricht an Wirtschaftsfachschulen, Wirtschaftsgymnasien, Leistungskursen Wirtschaft an Gymnasien, Fachoberschulen und Fachakademien.

Heinrich Holland

Kurt Scharnbacher

Inhaltsverzeichnis

1 Grundbegriffe der Wahrscheinlichkeitsrechnung

Lernziel: Sie sollen den Begriff Wahrscheinlichkeit kennen und anwenden können. Sie sollen die Begriffe klassische Wahrscheinlichkeit, die Fälle „mit“ und „ohne“ Zurücklegen sowie die Rechensätze der Wahrscheinlichkeit „Additionssatz“ und „Multiplikationssatz“ verstehen und anwenden können. Ebenso sollen Sie die Bestimmung und Darstellung des Ereignisraumes als Baumdiagramm oder über die Kombinatorik beherrschen.

1.1 Wahrscheinlichkeitsbegriff

Zweifellos ist der Begriff „Wahrscheinlichkeit“ einer derjenigen Begriffe, die am häufigsten benutzt werden. So zum Beispiel in den Aussagen: „Sie haben eine große Chance im Lotto zu gewinnen“, „die Aussichten für Sonnenschein am Sonntag betragen 70 %“. Generell kann festgestellt werden, dass Wahrscheinlichkeit eine Zahl ist, die die **Chance** beschreibt, ob etwas sich ereignen kann oder auch nicht.

Wahrscheinlichkeit: Ist eine Zahl zwischen Null und Eins, die die relative Häufigkeit für das Eintreten eines Ereignisses beschreibt.

In diesem Zusammenhang sind **drei weitere Begriffe** nützlich:

Experiment: Dies ist ein Prozess, der zu einem und wirklich nur einem Ergebnis aus verschiedenen möglichen Ergebnissen führt.

Mögliche Ereignisse/Ergebnisse: Dies sind die möglichen Resultate aus dem Experiment.

Ereignis: Dies ist das tatsächlich eintretende Ergebnis aus dem Experiment.

Beispiel: Werfen eines Würfels mit sechs Seiten.

Experiment ist dabei das Werfen des Würfels; mögliche Ergebnisse/Ereignisse sind die sechs Seiten, von denen jede auftreten kann; Ereignis ist diejenige Seite, die tatsächlich gewürfelt wird.

Aus diesem Zusammenhang ergibt sich der **klassische Wahrscheinlichkeitsbegriff,** der auf der Annahme basiert, dass jedes mögliche Ergebnis die gleiche Chance hat einzutreten.

Definition:

$$\textit{Wahrscheinlichkeit} = \frac{\textit{Anzahl der günstigen Ereignisse}}{\textit{Anzahl der gleichmöglichen Ereignisse}}$$

Wobei:

Wkt oder P = Abkürzung für Wahrscheinlichkeit oder Probability

- Dieser Wahrscheinlichkeitsbegriff wird auch als **Laplace-Wahrscheinlichkeit** bezeichnet nach dem französischen Mathematiker Pierre-Simon Marquis de Laplace (1749 – 1827).

Beispiel:

Das **Experiment** sei das Werfen eines Würfels.

Frage:

Wie groß ist die Wahrscheinlichkeit, dass eine Seite mit „gerader Augenzahl“ gewürfelt wird?

Lösung:

Es gibt 3 Seiten des Würfels, die eine gerade Augenzahl, das heißt 2 oder 4 oder 6 aufweisen. Damit gibt es drei, im Sinne des Experiments günstige, Ereignisse.

$$\text{Wkt} = \frac{3}{6}$$

Beispiel:

Das **Experiment** sei das Ziehen einer Karte aus einem Skatblatt mit 32 Karten.

Frage:

Wie groß ist die Wahrscheinlichkeit ein Ass zu ziehen?

Lösung:

Es gibt 4 Asse, von denen jedes als Ergebnis auftreten kann.

$$\text{Wkt} = \frac{4}{32}$$

Beispiel:

Wie groß ist die Wahrscheinlichkeit, genau die Karte „Pik-Ass“ zu ziehen?

$$\text{Wkt} = \frac{1}{32}$$

Die **Wahrscheinlichkeit** im klassischen Sinne ist eine **relative Häufigkeit**. Als relative Häufigkeit kann man immer nur zwei Merkmale oder Merkmalsgruppen betrachten.

- Die Wahrscheinlichkeit liegt immer zwischen „null“ und „eins“

  $0 \leq W(E) \leq 1$

- Die Summe der Wahrscheinlichkeiten für das „Eintreffen eines Ereignisses“ und das „Nichteintreffen eines Ereignisses“ ist immer **eins.**

  $\text{Wkt}(A) + \text{Wkt}(\text{Nicht } A) = 1$

  Daraus ergibt sich die so genannte „Gegenwahrscheinlichkeit“:

  $\text{Wkt}(A) = 1 - \text{Wkt}(\text{Nicht } A)$

- Die Wahrscheinlichkeit für ein sicheres Ereignis ist „eins“ und die Wahrscheinlichkeit für ein unmögliches Ereignis ist „null“.

1.2 Modellfall „mit“ und „ohne“ Zurücklegen

In der Wahrscheinlichkeitsrechnung ist nicht nur die Wahrscheinlichkeit für das Auftreten eines Ereignisses sondern auch die Frage der Wahrscheinlichkeit für das gleichzeitige Eintreten von mehreren Ereignissen mit bestimmten, gewünschten Eigenschaften von Bedeutung. Es ist wichtig festzulegen, welches Auswahlverfahren angenommen wird.

- Modellfall „**mit**“ Zurücklegen

Befindet sich beispielsweise in einer Urne eine Anzahl von Kugeln, die sich lediglich durch ihre Farbe unterscheiden, so kann der Urne eine Stichprobe dergestalt entnommen werden, dass nach jeder Entnahme die Kugel wieder in die Urne zurückgelegt wird. Danach wird erneut eine Kugel gezogen.

Wichtig: Die Struktur der Kugeln in der Urne verändert sich nicht, das heißt bei jedem Zug befindet sich die gleiche Anzahl von Kugeln in der Urne. Daraus ergibt sich, dass das Experiment „Ziehen von Kugeln" **unendlich oft wiederholt** werden kann.

Beispiel:

Aus einem Skatblatt von 32 Karten sollen nacheinander 2 Asse gezogen werden. Die als erste gezogene Karte wird wieder zurückgesteckt.

$$\text{Wkt (A)} = \frac{4}{32} \text{ (für das erste Ass) und } \frac{4}{32} \text{ (für das zweite Ass)}$$

$$= \frac{4 \cdot 4}{32 \cdot 32} = \frac{16}{1024} = \frac{1}{64} = 0{,}016$$

- Modellfall **„ohne"** Zurücklegen

Wird jedoch die Ziehung so vorgenommen, dass die Kugel nicht mehr in die Urne zurückgelegt wird, dann ist das Experiment endlich und muss beendet werden, wenn alle Kugeln gezogen sind.

Wichtig: Die Struktur der Kugeln in der Urne ändert sich dabei von Zug zu Zug, das heißt nach jedem Zug befinden sich weniger Kugeln in der Urne. Das Experiment „Ziehen von Kugeln" kann **nicht unendlich** oft wiederholt werden.

Beispiel:
Aus einem Skatblatt von 32 Karten sollen nacheinander 2 Asse gezogen werden. Die als erstes gezogene Karte wird nicht wieder zurück sondern neben den Kartenstapel gelegt.

$$\text{Wkt (A)} = \frac{4}{32} \text{ (für das erste Ass) und } \frac{3}{31} \text{ (für das zweite Ass)} =$$

$$= \frac{4 \cdot 3}{32 \cdot 31} = \frac{12}{992} = 0{,}012$$

1.3 Rechnen mit Wahrscheinlichkeiten – Additions- und Multiplikationssatz

Wahrscheinlichkeiten werden nicht nur für das Eintreten von einzelnen Elementarereignissen berechnet auch sondern für die Verknüpfung verschiedener Ereignisse. Hierfür können **Wahrscheinlichkeiten addiert oder miteinander multipliziert werden.**

• Der Additionssatz für sich ausschließende Ereignisse

Die Summe (Addition) der Einzelwahrscheinlichkeiten ist dann zu berechnen, wenn **entweder** das eine **oder** das andere Ereignis eintreten kann *(„Entweder – Oder – Wahrscheinlichkeit“)*.

$$\text{Wkt (E)} = \text{Wkt (A)} + \text{Wkt (B)}$$

Beispiel:

In einem Experiment wird ein Würfel geworfen: Wie groß ist die Wahrscheinlichkeit, dass entweder die Seite „Eins“ oder die Seite „Sechs“ gewürfelt wird?

$$\text{Wkt (E)} = \frac{1}{6} + \frac{1}{6} = \frac{2}{6}$$

Die Wahrscheinlichkeit kann so berechnet werden, da sich die beiden Seiten „Eins“ und „Sechs“ ausschließen, das heißt sie können nicht gemeinsam auftreten.

• Der Additionssatz für sich nicht ausschließende Ereignisse

Es gibt Fälle gemeinsamer Merkmale, bei denen der allgemeine Additionssatz anzuwenden ist. Entweder kann das Ereignis (A) oder das Ereignis (B) auftreten abzüglich der Wahrscheinlichkeit dafür, dass **sowohl (A) als auch (B)** auftritt.

Beispiel:

In einem Experiment zieht man aus einem Skatspiel eine Karte. Diese soll **entweder** eine Pik-Karte (im Skatblatt gibt es 8 Pik-Karten) sein **oder** ein Ass (es gibt 4 Asse). Nun gibt es im Skatspiel aber auch das Pik-Ass, das heißt eine der gesuchten Karten erfüllt beide Anforderungen, sie **schließen sich nicht gegenseitig** aus.

Wkt (Entweder „Pik“ oder „Ass“) =

= Wkt („Pik“)+ Wkt („Ass“) - Wkt (Sowohl „Pik“ als auch „Ass“) =

$$= \frac{8}{32} + \frac{4}{32} - \frac{1}{32} = \frac{11}{32}$$

Die Wahrscheinlichkeit muss so berechnet werden, denn die Karte „Pik-Ass“ gehört sowohl zu den Assen als auch zu den Pik-Karten.

• **Der Multiplikationssatz für unabhängige Ereignisse**

Der Multiplikationssatz für unabhängige Ereignisse erfordert, dass der Begriff Unabhängigkeit definiert wird. Ereignisse sind dann „unabhängig“, wenn das Eintreten des einen Ereignisses die Wahrscheinlichkeit für das Eintreten des anderen Ereignisses nicht beeinflusst. Das bedeutet, dass sowohl A als auch B eintreten kann (**„Sowohl-als-auch-Wahrscheinlichkeit“**).

$$\text{Wkt (E)} = \text{Wkt (A)} \cdot \text{Wkt (B)}$$

Beispiel:

Man zieht wiederum Karten aus dem Skatspiel. Wie groß ist die Wahrscheinlichkeit, das Pik-Ass zu ziehen?

Wkt (E) = Wkt („Ass“) als auch Wkt („Pik-Karte“)

$$\text{Wkt (E)} = \frac{4}{32} \cdot \frac{8}{32} = \frac{4 \cdot 8}{32 \cdot 32} = \frac{32}{1024} = \frac{1}{32} = 0{,}0313$$

Man hätten natürlich auch sagen können, dass es ein günstiges Ereignis und 32 gleichmögliche Ereignisse gibt und wäre zu demselben Ergebnis gekommen.

• **Der Multiplikationssatz für abhängige Ereignisse**

Der Begriff „abhängige Ereignisse“ sei am Urnenbeispiel erklärt. In einer Urne befinden sich Kugeln, die sich nur in ihrer Farbe unterscheiden. Es wird eine Kugel entnommen. Die Farbe wird notiert und die Kugel kann in die Urne zurückgelegt oder neben die Urne gelegt werden. Im ersten Fall ist das Experiment unendlich und die einzelnen Wahrscheinlichkeiten beeinflussen sich nicht. Im zweiten Fall ist das Experiment endlich, die **einzelnen Wahrscheinlichkeiten sind von dem Eintreten des vorherigen Ergebnisses beeinflusst, also abhängig**.

Im Multiplikationssatz gilt, dass die Wahrscheinlichkeit für das Eintreten von sowohl Ereignis A als auch das Ereignis B sich als Produkt der beiden Einzelwahrscheinlichkeiten ergibt. Ist nun aber Ereignis A schon eingetreten, so kann dies das Eintreten von Ereignis B beeinflussen, das heißt Ereignis B tritt unter der Bedingung (Schreibweise „ / “) ein, dass Ereignis A bereits eingetreten ist.

$$\text{Wkt (E)} = \text{Wkt (A)} \cdot \text{Wkt (B / A)}$$

Beispiel:

Wie groß ist die Wahrscheinlichkeit, beim Ziehen von Karten aus einem Skatblatt mit 32 Karten hintereinander genau zwei Asse zu ziehen, wenn die gezogene erste Karte nicht in das Skatblatt zurückgelegt wird?

Wkt (zwei Asse) = Wkt (1. Ass) · Wkt (2. Ass / wenn 1. Ass schon gezogen)

Wkt (E) = Wkt (A) · Wkt (B / A)

$$\text{Wkt (E)} = \frac{4}{32} \cdot \frac{3}{31} = \frac{12}{992} = \frac{3}{248} = 0{,}012$$

Die beiden Ereignisse „Ziehen eines Ass beim ersten Zug" und „Ziehen eines Ass beim zweiten Zug" sind **nicht unabhängig** voneinander, da die erste gezogene Karte **nicht** zurückgelegt wird und sich damit die Gesamtzahl der Karten verändert, das heißt **die Wahrscheinlichkeit für den zweiten Zug wird aus den verbleibenden 31 Karten und den verbleibenden 3 Assen berechnet.**

1.4 Wahrscheinlichkeitsraum

1.4.1 Entscheidungsbaum - Baumdiagramm

Es ist verhältnismäßig einfach bei bekannten Experimenten – zum Beispiel weiß man, dass ein Kartenspiel 32 Karten und ein Würfel 6 Seiten hat – die Anzahl der „günstigen" und die Anzahl der „gleichmöglichen" Fällen festzulegen. Wird jedoch ein Experiment oft durchgeführt, so ist dies nicht mehr bekannt und man muss nach Methoden suchen, mit denen man den Wahrscheinlichkeitsraum (auch: Ereignisraum) abbilden oder berechnen kann.

Um Baumdiagramme sinnvoll anwenden zu können, müssen die Sätze der Wahrscheinlichkeitsrechnung bekannt sein. Ein Baumdiagramm ist ein Graph, der Wahrscheinlichkeitsberechnungen sinnvoll organisiert. An jedem Ast des Baumes werden die Einzelwahrscheinlichkeiten notiert.

Beispiel:

Zwei Münzen werden gleichzeitig geworfen; welche Ereignisse sind möglich?

Lösung:

Die erste Münze kann entweder „Kopf" oder „Zahl" aufweisen. Jede Seite der Münze hat die gleiche Wahrscheinlichkeit von 0,5.

Die zweite Münze kann jeweils wieder „Kopf" oder „Zahl" aufweisen, mit je 0,5 Wahrscheinlichkeit.

Der Wahrscheinlichkeitsbaum stellt alle möglichen Ereignisse dar. Der Wahrscheinlichkeitsbaum ist der Ereignisraum – durch Ablesen erhält man die gewünschte Wahrscheinlichkeit.

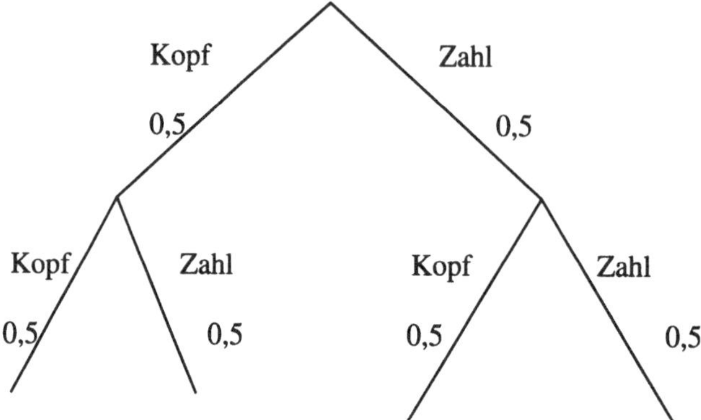

Abbildung 1: Baumdiagramm für Werfen von zwei Münzen

Wie groß ist die Wahrscheinlichkeit, **sowohl** beim ersten **als auch** beim zweiten Wurf „Kopf" zu erhalten?

Wkt (2 x „Kopf") = 0,5 · 0,5 = 0,25

Wie groß ist die Wahrscheinlichkeit, sowohl beim ersten als auch beim zweiten Wurf „Zahl" zu erhalten?

Wkt (2 x „Zahl") = 0,5 · 0,5 = 0,25

Wie groß ist die Wahrscheinlichkeit, entweder nur beim ersten oder nur beim zweiten Wurf „Kopf" zu erhalten?

Wkt („Kopf") = 0,5 · 0,5 + 0,5 · 0,5 = 0,25 + 0,25 = 0,5

Damit sind alle möglichen Ereignisse behandelt und die Gesamtwahrscheinlichkeit muss in der Summe 1 ergeben.

Beispiel:

Ein chemischer Betrieb arbeitet an einer Produktentwicklung. Es ist bekannt, dass auch die Konkurrenz dieses Projekt verfolgt. Die Marktforschungsabteilung hat eine Marktanalyse durchgeführt und die Chancen für den Markt des zukünftigen Erzeugnisses geschätzt.

- Die Chancen auf Erfolg werden mit 0,8 und auf Misserfolg mit 0,2 geschätzt.
- Der Erfolg der Konkurrenz wird auf 0,7 und deren Misserfolg auf 0,3 geschätzt.
- Der Markt wird wie folgt geschätzt:

  großer Markt = 0,5; mittlerer Markt = 0,4; kleiner Markt = 0,1

Die möglichen Ergebnisse sind in einem Entscheidungsbaum darzustellen:

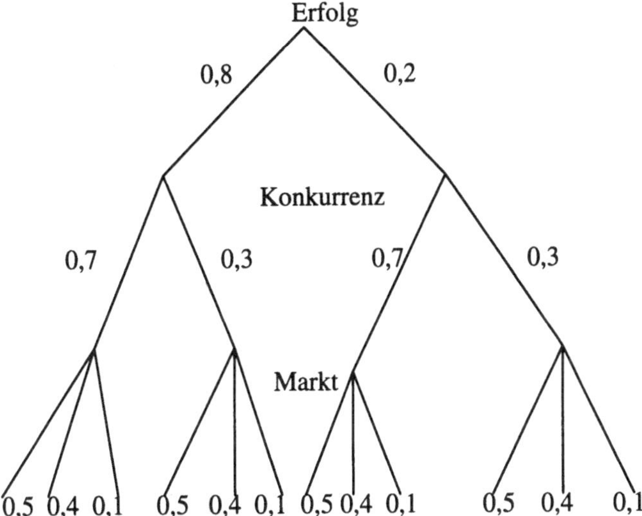

Abbildung 2: Baumdiagramm für eine Marktanalyse

Frage 1:

Wie groß ist die Wahrscheinlichkeit für Erfolg, den Erfolg der Konkurrenz und einen großen Markt?

$$\text{Wkt (E)} = 0{,}8 \cdot 0{,}7 \cdot 0{,}5 = 0{,}28 \quad \text{dies entspricht } 28\ \%$$

Frage 2:

Wie groß ist die Wahrscheinlichkeit für Erfolg, den Misserfolg der Konkurrenz und einen mittelgroßen Markt?

$$\text{Wkt (E)} = 0{,}8 \cdot 0{,}3 \cdot 0{,}4 = 0{,}096 \quad \text{dies entspricht } 9{,}6\ \%$$

Frage 3:

Wie groß ist die Wahrscheinlichkeit für das Ergebnis der Frage 1oder 2?

Wkt (E) = 0,28 + 0,096 = 0,376 dies entspricht 37,6 %.

Auf diese Art und Weise können alle möglichen Kombinationen erfragt werden. Zu beachten ist, dass entlang der jeweiligen Pfade der „Multiplikationssatz“ und auf den jeweiligen Ebenen der „Additionssatz“ der Wahrscheinlichkeiten anzuwenden ist.

1.4.2 Kombinatorik und Wahrscheinlichkeit

Die Kombinatorik ist ein Teilgebiet der Mathematik und beschäftigt sich mit der Frage, wie viele Möglichkeiten es gibt, Elemente anzuordnen oder aus einer Menge von Ereignissen bestimmte Ereigniszusammensetzungen zu ziehen.

Die Bedeutung der Kombinatorik für die Wahrscheinlichkeitsrechung liegt darin, dass sie hilft, die Anzahl der jeweiligen Fälle zu berechnen.

Zum Verständnis der folgenden Ausführungen muss man den Begriff der Fakultät und den des Binomialkoeffizienten kennen (diese Begriffe werden im Anhang dieses Buches „Mathematische Grundlagen“ dargestellt).

Beispiel:

Wie groß ist die Wahrscheinlichkeit, beim Lottospiel (aus einem Feld von 49 Zahlen von 1 bis 49 werden 6 Zahlen angekreuzt, in der Ziehung werden 6 Gewinnzahlen per Zufall aus einer Lostrommel gezogen) genau 6 Richtige zu erhalten?

Lösung:

Es gibt nur eine einzige Zahlenkombination, die gezogen also „richtig“ ist.

Aber wie viele Zahlenkombinationen gibt es insgesamt? Die gezogenen Zahlen werden nicht in die Trommel zurückgelegt, die Reihenfolge, in der die Zahlen gezogen werden, ist nicht von Bedeutung. Der Ereignisraum wird über die Kombinatorik bestimmt.

$$\text{Wkt (6 richtige Zahlen)} = \frac{1}{\binom{49}{6}} = \frac{1}{\frac{49!}{6!\cdot(49-6)!}} =$$

$$= \frac{1}{13.983.816} = 0{,}000000071$$

Zusammenfassung

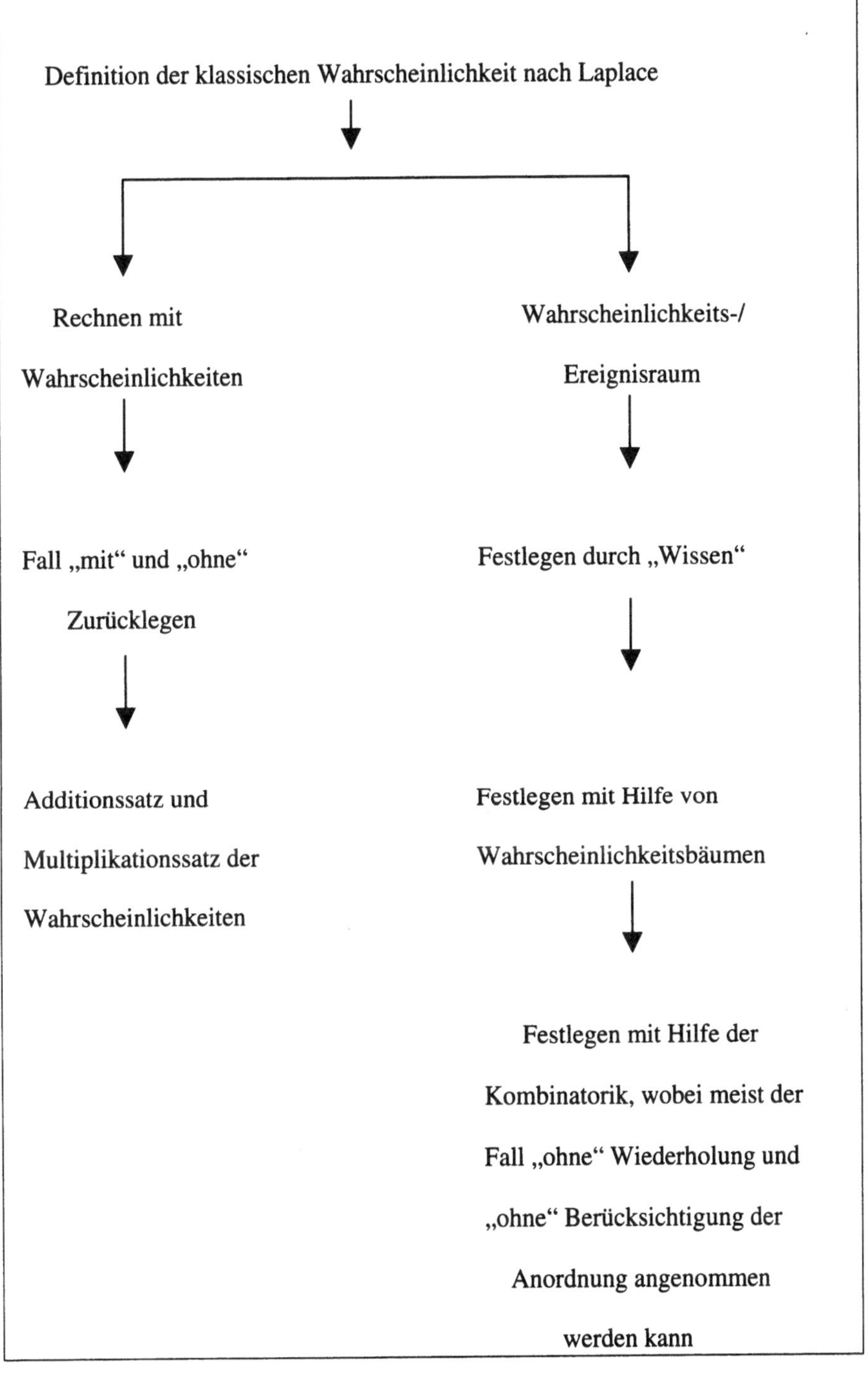

Fragen

1. Was sind „günstige“ und „gleichmögliche“ Fälle?

2. Bei welcher Fragestellung ist der Multiplikationssatz und bei welcher der Additionssatz der Wahrscheinlichkeiten hilfreich?

3. Was ist die Aufgabe der Kombinatorik?

4. Bei den kombinatorischen Modellen unterscheidet man „Modelle mit Zurücklegen“ und „Modelle ohne Zurücklegen“. Was bedeutet das?

5. Kann für ein sicheres Ereignis die Wahrscheinlichkeit größer als 1sein?

6. Kann ein negativer Wert für eine Wahrscheinlichkeit auftreten?

Aufgaben

1. In einem Bankbericht wird festgestellt, dass 80 % der Kunden ein Girokonto und 60 % der Kunden ein Sparkonto haben. 50 % der Kunden haben beides. Wenn ein zufällig ausgewählter Kunde nach seinen Konten gefragt wird, wie groß ist die Wahrscheinlichkeit, dass der Kunde entweder ein Girokonto oder ein Sparkonto hat? Wie groß ist die Wahrscheinlichkeit, dass er weder die eine noch die andere Kontenform hat?

2. Die Teilnehmer an einem Traineeprogramm setzen sich aus 80 % Männern und 20 % Frauen zusammen. 90 % der Frauen und 78 % der Männer haben einen Hochschulabschluss.

   a) Wie groß ist die Wahrscheinlichkeit, dass ein zufällig ausgewählter Teilnehmer eine Frau ist und keinen Hochschulabschluss hat?

   b) Zeichnen Sie den zugehörigen Entscheidungsbaum.

   c) Warum ergeben die zusammengefassten Wahrscheinlichkeiten 1?

2 Diskrete Wahrscheinlichkeitsverteilungen - Binomial- und Hypergeometrische Verteilung

Lernziel: In diesem Kapitel sollen Sie die Begriffe der Wahrscheinlichkeitsverteilung und Zufallsvariable kennen und anwenden lernen. Sie sollen zwischen diskreten und stetigen Wahrscheinlichkeitsverteilungen unterscheiden und deren Mittelwert und Standardabweichung berechnen und interpretieren können. Sie sollen die Binomialverteilung und die Hypergeometrische Verteilung charakterisieren und anwenden können.

2.1 Diskrete Wahrscheinlichkeitsverteilung

Das **Feststellen des Ereignisraumes** kann – wie gezeigt – bei größeren Stichproben zu unübersehbaren Mengen von Ausprägungen führen. Konsequenterweise nutzt man die Kombinatorik weiter und man macht sich einige Gesetze der Wahrscheinlichkeitsrechnung zu Nutze.

Eine Wahrscheinlichkeitsverteilung zeigt alle möglichen Ereignisse eines Experiments oder Zufallsexperiments mit den verschiedenen Wahrscheinlichkeiten auf. **Die Liste aller Ereignisse mit den zugehörigen Wahrscheinlichkeiten bezeichnet man als Wahrscheinlichkeitsverteilung.**

Beispiel:

Man wirft eine Münze 3mal und fragt, welche Ereignisse auftreten können und wie groß die zugehörigen Wahrscheinlichkeiten sind. Es ist K = Kopf und Z = Zahl; jede Seite ist gleichwahrscheinlich, also ist die Wahrscheinlichkeit für jede Seite $p = \frac{1}{2}$

Wobei:

p ist immer das Symbol für die gesuchte Größe

x die Zufallsvariable – sie kann diskret oder stetig sein

q = 1 – p die Wahrscheinlichkeit, die **nicht gesucht wird (Gegenwkt).**

Es kann eintreten: Z Z Z (also 0mal Kopf und 3mal Zahl)

Oder: K Z Z

Z K Z (also 1mal Kopf und 2mal Zahl)

Z Z K

Oder: K K Z

K Z K (also 2mal Kopf und 1mal Zahl)

Z K K

Oder: K K K (also 3mal Kopf und 0mal Zahl)

Zugehörige Liste/Wahrscheinlichkeitsverteilung:

Anzahl der gesuchten Merkmale „Kopf" x	Wahrscheinlichkeit
0	1 / 8 = 0,125
1	3 / 8 = 0,375
2	3 / 8 = 0,375
3	1 / 8 = 0,125

Diskrete Zufallsvariablen: Sie besitzen endlich viele oder abzählbare unendlich viele mögliche Zustände.

Beispiel:

Münzen-Werfen - es handelt es sich um eine diskrete Zufallsverteilung, da die Ereignisse exakt abgezählt werden können.

Stetige Zufallsvariable: Sie können - absolut oder zumindest in einem Intervall - unendlich viele mögliche Zustände annehmen.

Beispiel:

Die Körpergröße von Menschen wird in cm gemessen. Sie liegt in einem bestimmten Bereich von beispielsweise 50 cm bis 250 cm und kann in mm unterteilt werden. Diese Messung lässt sich weiter unterteilen bis in jedem Intervall unendlich viele Zwischenwerte denkbar sind.

2.2 Binomialverteilung

2.2.1 Ableitung der Binomialverteilung

Der Binomialverteilung kommt in der wirtschaftlichen Anwendung eine sehr große Bedeutung zu, da sie besonders dann angewandt werden kann, wenn die Grundgesamtheit für ein Problem unbekannt ist. Weiterhin hat sie den Vorteil, dass der Ereignisraum einer Wahrscheinlichkeit über die Kombinatorik gleich mitbestimmt wird und somit nicht gesondert definiert und berechnet werden muss.

Die Binomialverteilung ist wohl die wichtigste diskrete Verteilung. Als Prinzip liegt ihr zu Grunde, dass das Zufallsexperiment genau zwei, sich gegenseitig ausschließende Ereignisse E und $\overline{E}$ haben kann. Die Wahrscheinlichkeiten dafür lauten:

$$\text{Wkt } (E) \; = \text{p}$$

$$\text{Wkt } (\overline{E}) = 1 - \text{p}$$

Das Zufallsexperiment wird **n** mal durchgeführt, wobei der **Fall mit Wiederholung** und **mit Berücksichtigen der Anordnung** unterstellt wird.

Beispiel:

In einer Urne befinden sich rote und schwarze Kugeln. (Bernoulli Experiment; Bernoulli: Schweizer Mathematiker 1654 – 1705).

Die **Gesamtzahl** der enthaltenen Kugeln ist **nicht wichtig** – es ist aber **wichtig**, den **Anteil** der roten und schwarzen Kugeln zu kennen. Zwei Kugeln werden gezogen und in die Urne **zurückgelegt**.

Ergebnis der Zufallsvariablen rote Kugel = p:

Rot Rot: Wkt: p^2

Rot Schwarz und Schwarz Rot: Wkt: $2 \cdot p \cdot q$

Schwarz Schwarz: Wkt: q^2

Es wird die mathematische Tatsache genutzt, dass eine **Multiplikation mit der Zahl eins** den Ausgangswert nicht verändert, und dass folgende Werte **per Definition eins** sind:

$p^0 = 1 \qquad q^0 = 1 \qquad \binom{n}{0} = 1 \qquad \binom{n}{n} = 1$

Damit ergibt sich:

Rot Rot: Wkt: $\binom{2}{2} p^2 \, q^0$

Rot Schwarz und Schwarz Rot: Wkt: $\binom{2}{1} p^1 \, q^1$

Schwarz Schwarz: Wkt : $\binom{2}{0} p^0 \, q^2$

Hieraus lässt die Formel der Binomialverteilung erkennen: Die Wahrscheinlichkeit, bei n Experimenten genau x mal ein bestimmtes Ereignis zu erhalten ist:

$$\text{Wkt}_{(n;x)} = \binom{n}{x} p^x \, q^{n-x}$$

Wobei:

n = Anzahl der Experimente

p = gesuchte Merkmale/Zufallsvariable

q = nicht gesuchte Merkmale/Zufallsvariable

x = Anzahl der Zufallsvariablen

Beispiel 1:

Wie groß ist die Wahrscheinlichkeit dafür, bei n = 10mal Werfen eines Würfels genau x = 3mal die Augenzahl 6 zu erzielen?

Problem:

Wie groß ist der Ereignisraum? Der Würfel hat 6 Seiten, 10mal Werfen ergibt 6^{10} unterschiedlich mögliche Ergebnisse also einen sehr großen Ereignisraum. Deshalb prüft man die Binomialverteilung, die dann anzuwenden ist, wenn folgende Prüffragen mit „ja“ beantwortet werden:

Prüffragen für die Binomialverteilung:

1. Ist die Zufallsvariable diskret?

   Ja, denn es ist entweder 6 oder eine andere Augenzahl.

2. Handelt es sich um zwei, sich ausschließende Merkmale?

   Ja, denn es ist entweder 6 oder nicht 6.

3. Ist der Anteil bekannt?

   Ja, denn die Augenzahl 6 tritt in 1/6 aller Fälle auf.

4. Ziehen „mit“ Zurücklegen?

   Ja, denn es ist immer der gleiche Würfel.

Anwendung der Formel der Binomialverteilung:

$$\text{Wkt}\ (x = 3) = \text{Wkt}_{\ (10;3)} = \binom{10}{3} \left(\frac{1}{6}\right)^3 \left(\frac{5}{6}\right)^7 = 0{,}155$$

Interpretation der Formel:

$\binom{10}{3}$ gibt die Anzahl der möglichen Kombinationen an, mit denen man bei 10maligem Werfen genau 3mal die Augenzahl 6 erhalten kann.

$\left(\frac{1}{6}\right)^3$ gibt die Wkt für p an.

$\left(\frac{5}{6}\right)^7$ gibt die Wkt für q, also nicht p an.

Die Berechnung wird im Anhang „Mathematische Grundlagen“ erklärt.

Mittelwert und Standardabweichung der Binomialverteilung werden wie folgt berechnet:

Mittelwert: $\mu = n \cdot p = 10 \cdot \frac{1}{6} = 10 \cdot 0{,}1666 = 1{,}66$

Interpretation:

Man kann bei 10maligem Werfen im Durchschnitt zwischen 1 und 2mal die Augenzahl 6 erwarten.

Standardabweichung: $\sigma = \sqrt{n \cdot p \cdot q} = \sqrt{10 \cdot \frac{1}{6} \cdot \frac{5}{6}} = 1{,}179$

Interpretation:

Die durchschnittliche Abweichung beträgt 1,179 Augenzahlen, also ca. 1.

2.2.2 Fallstudie

Beispiel:

Ein Unternehmen, das elektrische Geräte herstellt, vermutet, dass 60 % der Schalter defekt sind. Der Produktionsprozess soll geprüft werden. Zu diesem Zweck werden genau 10 Geräte nacheinander entnommen, geprüft und wieder zurückgelegt.

a. Wie groß ist die Wahrscheinlichkeit, dass genau 7 Geräte mit defekten Schaltern gefunden werden?

b. Wie groß ist die Wahrscheinlichkeit, dass 7 oder weniger Geräte mit defekten Schaltern gefunden werden?

Lösungsansatz:

Die Frage lässt sich mit Hilfe der Wahrscheinlichkeitssätze lösen, aber es gibt - bedingt durch die Vielzahl der Kombinationen - sehr viele mögliche Ereignisse und einen unüberschaubaren Ereignisraum. Auch ein Entscheidungsbaum ist zu unübersichtlich, da 10 Zweige zu zeichnen sind.

Da die Gesamtzahl der produzierten Geräte nicht bekannt ist, ist zu hoffen, dass die Binomialverteilung angewandt werden kann, denn diese kann berechnet werden, ohne dass die Grundgesamtheit bekannt ist.

Nach der Prüfung der Voraussetzungen für die Binomialverteilung werden Kombinationen und Wahrscheinlichkeiten in einem Rechengang ermittelt.

Prüffragen für die Binomialverteilung:

1. Ist die Zufallsvariable „defekte Geräte“ diskret?

Ja, denn die Geräte sind einzeln abzählbar.

2. Handelt es sich um zwei sich ausschließende Merkmale?

   Ja, denn die Geräte sind entweder „defekt“ oder „nicht defekt“.

3. Ist der Anteil der gesuchten Merkmale bekannt?

   Ja, 60 % (entspricht 0,6) sind nicht defekt.

4. Sind die Versuche unabhängig?

   Ja, denn man geht davon aus, dass die Geräte wieder zurückgelegt werden.

Lösung Frage a:

$$\text{Wkt}\,(x = 7) = \text{Wkt}_{10,7} = \binom{10}{7}\,0{,}6^7 \cdot 0{,}4^3 = 0{,}215$$

Interpretation:

Die Gesamtzahl der Kombinationen ergibt sich aus $\binom{10}{7}$

Die Wahrscheinlichkeit, genau 7 defekte Geräte zu finden, beträgt 21,5 %.

Lösung Frage b:

Werden 7 oder weniger defekte Geräte gesucht, so erfüllen die Ergebnisse keines, eins, zwei, drei, vier, fünf, sechs oder sieben die gestellte Frage. Gesucht ist die Wahrscheinlichkeit, dass die Ereignisse zwischen 0 und 7 liegen. Die Binomialverteilung mit dem Additionssatz der Wahrscheinlichkeiten ist anwenden, da es sich um zusammengesetzte Wahrscheinlichkeiten handelt.

$$\text{Wkt}\,(0 \leq x \leq 7) = \text{Wkt}\,(x{=}0) + \text{Wkt}\,(x{=}1) + \text{Wkt}\,(x{=}2) + \text{Wkt}(x{=}3) +$$

$$\text{Wkt}\,(x{=}4) + \text{Wkt}\,(x{=}5) + \text{Wkt}\,(x{=}6) + \text{Wkt}\,(x{=}7) =$$

$$= \binom{10}{0}0{,}6^0\,0{,}4^{10} + \binom{10}{1}0{,}6^1\,0{,}4^9 + \binom{10}{2}0{,}6^2\,0{,}4^8 + \binom{10}{3}0{,}6^3\,0{,}4^7 +$$

$$\binom{10}{4}0{,}6^4\,0{,}4^6 + \binom{10}{5}0{,}6^5\,0{,}4^5 + \binom{10}{6}0{,}6^6\,0{,}4^4 + \binom{10}{7}0{,}6^7\,0{,}4^3 = 0{,}833$$

3 Stetige Wahrscheinlichkeitsfunktion – Die Normalverteilung

Lernziel: Sie sollen erkennen, dass sich der Ereignisraum als Fläche unter einer stetigen Funktion mit der Größe 1 darstellen lässt, dass sich die Wahrscheinlichkeit für das Eintreten von Ereignissen unter dieser Bedingung als Flächenanteil bestimmen lässt, und dass das Intergral für die Flächenrechnung durch eine Tabelle für die standardisierte Normalverteilung ersetzt werden kann. Sie sollen Wahrscheinlichkeiten als Flächenanteile erkennen und den t- Wert der Standardnormalverteilung bestimmen können. Sie sollen die Wahrscheinlichkeiten dafür, dass ein Ereignis über oder unter oder zwischen vorgegebenen Punkten liegt, berechnen können.

3.1 Stetige Wahrscheinlichkeitsfunktion

Aus den bisherigen Ausführungen zur Wahrscheinlichkeit haben sich der Ereignisraum und die Kombinationen der verschieden möglichen Ereignisse als Problem herausgestellt. Durch die Binomial- und die Hypergeometrische Verteilung finden sich Hilfsmittel, die die Bestimmung sowohl des Ereignisraumes als auch der Kombinationen der Ereignisse erleichtern. Als Nachteil hat sich die Unhandlichkeit der Formeln gezeigt. Aus diesem Grund sucht man nach anderen Lösungsmöglichkeiten.

Unterstellt man eine **stetige Funktion,** also eine Funktion, die in einem bestimmten Intervall beliebig viele Werte annehmen kann, so kann diese Funktion als mathematische Gleichung geschrieben und als durchlaufende Kurve gezeichnet werden.

Dabei ist das Aussehen dieser Funktion nicht von Bedeutung, es kann sich um eine lineare oder sonstige Funktion handeln. Damit sie aber als Wahrscheinlichkeitsfunktion (auch: Dichtefunktion) angesehen werden kann, muss die Fläche, die von dieser Funktion eingeschlossen wird, gleich 1 sein. Sie muss damit das **Axiom** der Wahrscheinlichkeiten, dass das sichere Ereignis eine Wahrscheinlichkeit von 1 besitzt, erfüllen.

Eine Wahrscheinlichkeitsfunktion kann beispielsweise folgendes Aussehen haben:

Lösung Frage 2:

$$\text{Wkt}\,(x = 1) = \text{Wkt}_{12,1} = \binom{12}{1} 0{,}1^1\, 0{,}9^{11} = 0{,}3766$$

Interpretation:

Die Wahrscheinlichkeit dafür, dass lediglich ein Auto die Garantie in Anspruch nimmt, beträgt 37,66 %.

Lösung Frage 3:

$$\text{Wkt}\,(x = 2) = \text{Wkt}_{12,2} = \binom{12}{2} 0{,}1^2\, 0{,}9^{10} = 0{,}2301$$

Interpretation:

Die Wahrscheinlichkeit dafür, dass zwei Autos die Garantie in Anspruch nehmen, beträgt 23,01 %.

Lösung Frage 4:

Der Mittelwert der Binomialverteilung ist $\mu = n \cdot p = 12 \cdot 0{,}1 = 1{,}2$

Die Standardabweichung ist $\sigma = \sqrt{n \cdot p \cdot q} = \sqrt{12 \cdot 0{,}1 \cdot 0{,}9} = 1{,}0392$

Interpretation:

Im Durchschnitt erwartet man 1,2 Autos zur Garantieleistung; die Abweichung davon beträgt 1 Auto.

2.3 Hypergeometrische Verteilung

Die Hpergeometrische Verteilung hat in der Praxis eine sehr große Bedeutung. Sie ähnelt der Binomialverteilung, basiert aber auf dem Modell **ohne** Zurücklegen.

Modell:

In einer Urne befinden sich **N** Kugeln mit gleicher Oberflächenbeschaffenheit; **M** Kugeln sind rot und die übrigen **N – M** haben eine andere Farbe. Es werden aus der Urne **n** Kugeln ohne Zurücklegen gezogen.

Wie groß ist die Wahrscheinlichkeit, dass genau **x** der gezogenen Kugeln rot sind?

Lösung:

Die Wahrscheinlichkeit lässt sich über die Kombinatorik und die klassische Wahrscheinlichkeit bestimmen.

Anzahl der gleichmöglichen Fälle (Ereignisraum): $\binom{N}{n}$

Anzahl der günstigen Fälle: Hierzu muss unterteilt werden in die Menge der Kugeln mit der Farbe rot und die Menge der Kugeln mit anderen Farben.

Aus M roten Kugeln sind x zu ziehen: es gibt $\binom{M}{x}$ Möglichkeiten.

Aus den verbleibenden N – M sind n – x andersfarbige zu ziehen: es gibt $\binom{N-M}{n-x}$ Möglichkeiten.

Die Wahrscheinlichkeit, genau x mit der Eigenschaft rot zu erhalten, ist damit:

$$\text{Wkt}(x) = \frac{\binom{M}{x} \cdot \binom{N-M}{n-x}}{\binom{N}{n}}$$

Beispiel:

Ein Großhandelsunternehmen hat 15 Lieferwagen zur Lieferung der Waren an die Einzelhändler. Es ist bekannt, dass 6 davon Probleme wegen ungenügend gewarteter Bremsen haben. Der Großhändler beschließt, 5 der Lieferwagen zu testen, wobei diese 5 Wagen rein zufällig ausgewählt werden.

Wie groß ist die Wahrscheinlichkeit dafür, dass er bei diesem Test genau 2 Wagen mit defekten Bremsen findet?

Lösungsansatz:

Man beschließt, die Anzahl der verschiedenen Kombinationsmöglichkeiten in der Auswahl der Lieferwagen über die Kombinatorik zu bestimmen und nutzt deshalb eine Verteilung zur Lösung der Frage.

Prüffragen für die Hypergeometrische Verteilung:

1. Ist die Zufallsvariable „Lieferwagen“ diskret?

   Ja, denn die Lieferwagen sind einzeln abzählbar.

2. Handelt es sich um zwei sich ausschließende Merkmale?

   Ja, denn die Bremsen sind entweder „defekt“ oder „nicht defekt“.

3. Ist der Anteil der gesuchten Merkmale bekannt?

   Ja, denn es befinden sich 5 Wagen mit defekten Bremsen in dem Wagenbestand.

4. Handelt es sich um den Fall „ohne“ Zurücklegen, sind die Versuche abhängig?

   Ja, denn die geprüften Lieferwagen werden nicht nochmals geprüft.

Lösung:

$$\text{Wkt}\ (x = 2) = \frac{\binom{6}{2} \cdot \binom{15-6}{5-2}}{\binom{15}{5}} = 0{,}4196$$

Hinweis:

Zur Berechnung der Klammern siehe die mathematischen Grundlagen im Anhang.

Beispiel 2:

Ein Betrüger geht mit 6 Geldscheinen, von denen 3 gefälscht sind, zu einer Bank um diese Scheine zu wechseln. Der Schalterbeamte prüft 2 dieser Scheine auf deren Echtheit. Wie groß ist die Wahrscheinlichkeit, dass der Betrug entdeckt wird?

Lösung:

Der Betrug wird dann entdeckt, wenn der Schalterbeamte entweder 1 oder 2 gefälschte Scheine findet. Es ist der Additionssatz zusammen mit einer Verteilung anzuwenden.

Die Prüffragen sind alle mit „ja“ zu beantwortet; es handelt sich um den Fall „mit“ Zurücklegen, da die geprüften Scheine kein zweites Mal geprüft werden. Damit erfolgt die Lösung über die Hypergeometrische Verteilung.

$$\text{Wkt}\,(1 \leq x \leq 2\;) = \frac{\binom{3}{1}\cdot\binom{6-3}{2-1}}{\binom{6}{2}} + \frac{\binom{3}{2}\cdot\binom{6-3}{2-2}}{\binom{6}{2}} = 0{,}6 + 0{,}2 = 0{,}8$$

Interpretation:

N = 6 Anzahl der Geldscheine

M = 3 gefälschte Geldscheine

x = 1 oder 2

n = 2 gezogene / ausgewählte Geldscheine

$\binom{3}{1}$ = Anzahl der Kombinationen, wie aus 3 gefälschten Geldscheinen 1 gezogen werden kann.

$\binom{6-3}{2-1}$ = Anzahl der Kombinationen, wie aus 3 nicht gefälschten Geldscheinen 1 gezogen werden kann.

$\binom{6}{2}$ = Anzahl der gleichmöglichen Fälle / Ereignisraum.

Zusammenfassung

Verteilung	Binomial	Hypergeometrisch
Merkmalstyp:	diskret	diskret
Parameter:	Wiederholungen n Eintrittswahrscheinlichkeit p Gegenwkt (1 - p) = q	Wiederholungen n Gesamtzahl N Anzahl gewünschte Eigenschaft M
Wahrscheinlich-keitsfunktion:	$Wkt_{n,x} = \binom{n}{x} \cdot p^x \cdot q^{n-x}$	$Wkt(x) = \frac{\binom{M}{x} \cdot \binom{N-M}{n-x}}{\binom{N}{n}}$
Fall:	„mit" Zurücklegen Unabhängigkeit	„ohne" Zurücklegen Abhängigkeit
Vorteil:	Die Zahl der gleichmöglichen Fälle ergibt sich direkt über die Kombinatorik. Die Anzahl der Elemente in der Grundgesamtheit muss nicht bekannt sein.	Die Zahl der gleichmöglichen Fälle ergibt sich direkt über die Kombinatorik.
Nachteil:	Bei einer großen Anzahl von Einzelwahrscheinlichkeiten sehr unhandlich.	Bei einer großen Anzahl von Einzelwahrscheinlichkeiten sehr unhandlich. Die Anzahl der Grundgesamtheit muss bekannt sein; dies ist in der Wirtschaft oftmals nicht gegeben, so dass die Binomialverteilung näherungsweise angewandt wird.

Fragen

1. Beschreiben Sie den Begriff „diskretes" Merkmal.
2. Welche Vorteile haben Binomial- und Hypergeometrische Verteilung gegenüber der Wahrscheinlichkeitsrechnung?
3. Wodurch unterscheiden sich Binomial- und Hypergeometrische Verteilung?
4. Welche Verteilung ist für die wirtschaftliche Praxis von größerer Bedeutung, die Binomial- oder die Hypergeometrische Verteilung?
5. Weshalb wird die Binomialverteilung in der wirtschaftlichen Praxis öfter angewandt als die Hypergeometrische Verteilung?
6. Welches sind die Nachteile der Binomial- und der Hypergeometrischen Verteilung?
7. Wie kann man diese Nachteile aufheben?
8. Wie lauten die Prüffragen der Binomial- und der Hypergeometrischen Verteilung?

Aufgaben

1. Für eine Binomialverteilung mit $n = 4$ und $p = 0{,}25$ soll folgendes berechnet werden:

   a. $x = 2$

   b. $x = 3$

2. Ein Verkäufer führt 6 Verkaufsgespräche per Telefon pro Stunde und hat dabei in 30 % seiner Anrufe einen Verkaufserfolg. Wie groß ist die Wahrscheinlichkeit dafür, in der nächsten Stunde

   a. keinen Verkauf zu tätigen?

   b. einen Verkauf zu tätigen?

   c. höchstens einen Verkauf zu tätigen?

   d. Wie groß ist der Mittelwert?

3. Für eine Hypergeometrische Verteilung mit N= 15 und M = 4 werden n = 5 entnommen. Es soll x = 2 berechnet werden.

4. Ein Teppichhändler hat 8 „Täbris"-Teppiche auf Lager. Er weiß, dass 3 Teppiche einen kleinen Fehler aufweisen. Trotzdem lässt er einem Kunden 4 zufällig ausgewählte Teppiche davon vorlegen. Wie groß ist die Wahrscheinlichkeit dafür, dass er dem Kunden damit

   a. 2 Teppiche mit einem Fehler vorlegt?

   b. höchstens 2 fehlerhafte Teppiche vorlegt?

5. In einer Sendung von 50 Mobiltelefonen befinden sich 5 defekte Geräte. Der Händler, der die Sendung erhält, prüft diese indem er 10 Mobiltelefone entnimmt und deren Funktionsfähigkeit feststellt. Wie groß ist die Wahrscheinlichkeit dafür, dass er genau 2 defekte Geräte entnimmt?

   a. Nach der Hypergeometrischen Verteilung!

   b. Nach der Binomialverteilung!

   c. Welche von beiden Verteilungen ist richtig?

   d. Welchen Nachteil haben beide Verteilungen?

3 Stetige Wahrscheinlichkeitsfunktion – Die Normalverteilung

Lernziel: Sie sollen erkennen, dass sich der Ereignisraum als Fläche unter einer stetigen Funktion mit der Größe 1 darstellen lässt, dass sich die Wahrscheinlichkeit für das Eintreten von Ereignissen unter dieser Bedingung als Flächenanteil bestimmen lässt, und dass das Intergral für die Flächenrechnung durch eine Tabelle für die standardisierte Normalverteilung ersetzt werden kann. Sie sollen Wahrscheinlichkeiten als Flächenanteile erkennen und den t- Wert der Standardnormalverteilung bestimmen können. Sie sollen die Wahrscheinlichkeiten dafür, dass ein Ereignis über oder unter oder zwischen vorgegebenen Punkten liegt, berechnen können.

3.1 Stetige Wahrscheinlichkeitsfunktion

Aus den bisherigen Ausführungen zur Wahrscheinlichkeit haben sich der Ereignisraum und die Kombinationen der verschieden möglichen Ereignisse als Problem herausgestellt. Durch die Binomial- und die Hypergeometrische Verteilung finden sich Hilfsmittel, die die Bestimmung sowohl des Ereignisraumes als auch der Kombinationen der Ereignisse erleichtern. Als Nachteil hat sich die Unhandlichkeit der Formeln gezeigt. Aus diesem Grund sucht man nach anderen Lösungsmöglichkeiten.

Unterstellt man eine **stetige Funktion,** also eine Funktion, die in einem bestimmten Intervall beliebig viele Werte annehmen kann, so kann diese Funktion als mathematische Gleichung geschrieben und als durchlaufende Kurve gezeichnet werden.

Dabei ist das Aussehen dieser Funktion nicht von Bedeutung, es kann sich um eine lineare oder sonstige Funktion handeln. Damit sie aber als Wahrscheinlichkeitsfunktion (auch: Dichtefunktion) angesehen werden kann, muss die Fläche, die von dieser Funktion eingeschlossen wird, gleich 1 sein. Sie muss damit das **Axiom** der Wahrscheinlichkeiten, dass das sichere Ereignis eine Wahrscheinlichkeit von 1 besitzt, erfüllen.

Eine Wahrscheinlichkeitsfunktion kann beispielsweise folgendes Aussehen haben:

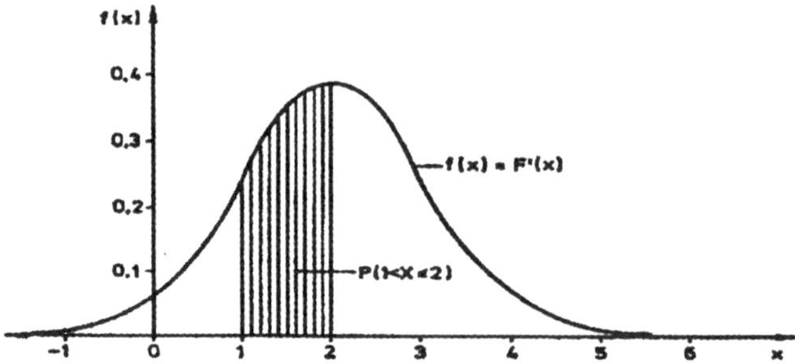

Abbildung 3: Normalverteilung

Es handelt sich hier um eine Normalverteilung – es könnte aber auch jede andere beliebige, stetige Funktion an dieser Stelle stehen so lange sie die Bedingung erfüllt, dass die Fläche unterhalb der Kurve gleich 1 ist. Diese Funktion und die Fläche darunter stellen den **Ereignisraum** dar.

Die Wahrscheinlichkeit Wkt = P wird als Flächenanteil berechnet; hier als Fläche P $(1 \leq x \leq 2)$. Die Funktion entspricht einer Verteilungsfunktion F(x) und ist deren Ableitung.

3.2 Normalverteilung

Die Normalverteilung ist ohne Zweifel die wichtigste Verteilung in der Statistik. Dies gilt sowohl für die statistische Theorie wie auch für die praktische Anwendung. Die Normalverteilung ist eng verbunden mit dem Namen **Carl Friedrich Gauss** (1777 – 1855 deutscher Mathematiker) – sie wird auch als Gauss-Normalverteilung bezeichnet. Entdeckt und verwendet wurde sie jedoch bereits im Jahr 1733 von **Abraham de Moivre** (1667 – 1754 französischer Mathematiker).

Einige Gründe, aus denen die Normalverteilung so bedeutungsvoll ist, sind:

1. Viele Ergebnisse von empirischen Untersuchungen wie beispielsweise Laufleistungen von Autoreifen oder Umsatz von Filialen einer Einzelhandelskette entsprechen annähernd einer Normalverteilung, das heißt die Rechenregeln der Normalverteilung dürfen dort näherungsweise angewandt werden.

2. Da die Fläche unter der Normalverteilung gleich 1 ist, ist der Ereignisraum exakt beschrieben. Die Fläche stellt also die Gesamtwahrscheinlichkeit dar und die Einzelwahrscheinlichkeiten sind Flächenanteile. Damit ist das Problem des Ereignisraumes gelöst.

3. Die Normalverteilung ist zwar eine stetige Funktion; sie ist aber unter bestimmten Voraussetzungen eine gute Annäherung an die Binomialverteilung und kann damit deren Nachteil der Unhandlichkeit und des großen Rechenaufwands lösen.

Die mathematische Funktion für die Normalverteilung lautet:

$$f(x) = \frac{1}{\sigma\sqrt{2\pi}}\, e^{-\frac{1}{2}\left(\frac{x-\mu}{\sigma}\right)^2}$$

wobei:

x = Wert der Zufallsvariablen

μ = Mittelwert

σ = Standardabweichung

e = Eulersche Zahl 2,781

π = Kreiskonstante 3,14

Das Bild der Normalverteilung kann beispielsweise folgendes Aussehen haben:

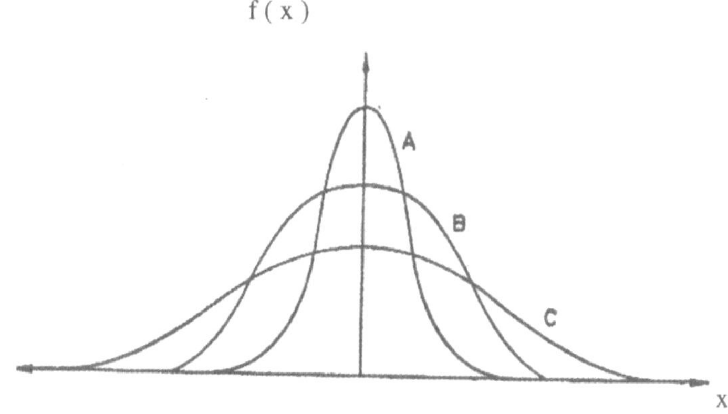

Abbildung 4: Unterschiedliche Normalverteilungen

Einige wichtige Eigenschaften der Normalverteilung:

1. Die Fläche unterhalb der Kurve ist immer gleich 1.

2. Die Kurve ist achsensymmetrisch zum Lot über den Mittelwert, 50 % der Fläche liegen unterhalb und 50 % oberhalb des Mittelwertes.

3. Die Standardabweichung liegt im Wendepunkt einer jeden Kurve.

Sie verläuft umso flacher, je größer die Standardabweichung ist:

Kurve A: $\mu = 0 \quad und \quad \sigma = 0{,}6$

Kurve B: $\mu = 0 \quad und \quad \sigma = 1$

Kurve C: $\mu = 0 \quad und \quad \sigma = 2$

Hieraus ergibt sich, dass die Lage und das Aussehen der Normalverteilung vom Mittelwert und von der Standardabweichung abhängig sind. Diesen Zusammenhang nutzt man und transformiert jede Normalverteilung in die so genannte Standardnormalverteilung. Dies hat den Vorteil, dass die Flächenanteile unter der Kurve tabelliert werden können und damit die Berechnung des Intergrals entfällt.

3.3 Die Standardnormalverteilung

Die Standardnormalverteilung hat den großen Vorteil, dass die Integralrechnung zur Bestimmung einer Fläche unterhalb der Kurve nicht angewandt werden muss. Damit aber die Tabellenwerte (Seite 96 f.) abgelesen werden können, müssen die unendlich vielen unterschiedlichen Normalverteilungen in eine einzige transformiert werden. Dazu muss geklärt werden, welche Parameter die Lage der Normalverteilung bestimmen.

Es sind dies: μ der Mittelwert und σ die Standardabweichung.

In der Standardnormalverteilung ist: $\mu = 1 \quad und \quad \sigma = 0$

Für die Transformationsgleichung ergibt sich:

$$t = \frac{x - \mu}{\sigma}$$

Hieraus folgt für die **Gleichung der Standardnormalverteilung:**

$$f(t) = \frac{1}{\sqrt{2\pi}} e^{-\frac{1}{2}t^2}$$

wobei gilt: $\mu = 1 \quad und \quad \sigma = 0$ x ist die gesuchte Zufallsvariable

Aussage:

Die Verteilung ist nur noch von einer Größe und zwar von t abhängig. Diese Funktion kann tabelliert werden.

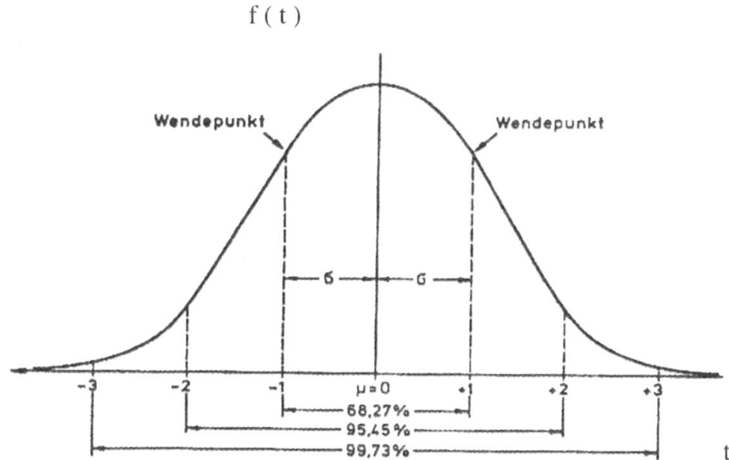

Abbildung 5: Standardnormalverteilung

Interpretation:

Oberhalb und unterhalb von $\mu = 0$ liegen 50 % aller möglichen Ereignisse.

Die Funktion ist abhängig von t. Im Bereich von ± 1 t liegen 68,27 % aller möglichen Ereignisse (vgl. Tabelle S. 96 f.).

Beispiel:

Ein Radiosender hat festgestellt, dass seine „Rock"-Sendung im Durchschnitt 10 Minuten lang gehört wird; die Standardabweichung wurde mit 2 Minuten gemessen.

Frage:

Welcher Anteil der Zuhörer hört zwischen 9 und 11 Minuten dieser Sendung zu?

Lösung:

Die Sätze der Wahrscheinlichkeitsrechung können nicht angewandt werden, da der Ereignisraum nicht bestimmbar ist. Ebenso versagen die Lösungsansätze über die Kombinatorik. Es muss also geklärt werden, welche Verteilung angewandt werden kann.

Prüffragen:

Handelt es sich um stetige Merkmalsausprägungen?

Ja, dann darf die Normalverteilung angewandt werden

Die Anzahl der befragten Hörer ist größer als 30.

Die Grundgesamtheit der Hörer ist normalverteilt im Hinblick auf die Hörgewohnheiten.

Es ist anzunehmen, dass die letzten beiden Bedingungen ebenfalls zutreffen und auch deshalb die Normalverteilung unterstellt werden darf.

Lösungsgang:

Die Normalverteilung wird skizziert (siehe Abbildung 6). Die gesuchte Fläche wird in die Normalverteilung eingetragen.

Zu den Werten von x, die hier 9 und 11 Minuten betragen, werden die Werte von t aus der Transformationsgleichung bestimmt.

$$t = \frac{x - \mu}{\sigma} = \frac{11 - 10}{2} = 0{,}5$$

Achtung: da die Abweichungen nach oben und unten gleich groß sind, reicht es aus, lediglich einen der beiden Werte auszurechnen.

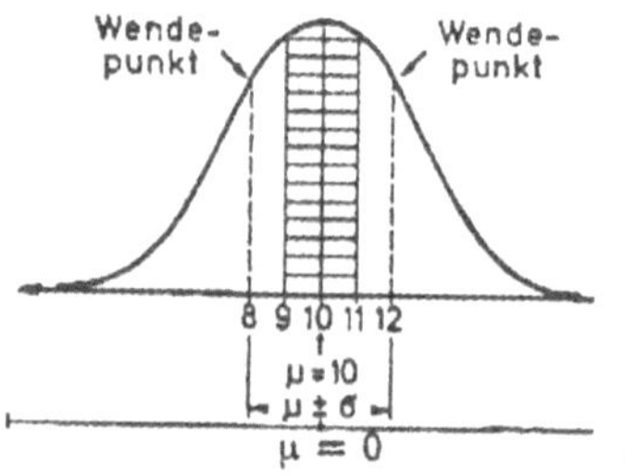

Abbildung 6: Lösungsgang der Aufgabe

Interpretation:

Die Fläche unter der Kurve ist 1. Es wird die schraffierte Fläche gesucht, da diese die Hörerzeiten von 9 bis 11 Minuten einschließt. Der in die Transformationsgleichung eingesetzte Wert von 11 entspricht dem t-Wert von 0,5, das heißt es ist die Fläche von $\mu = 0$ bis t = 0,5. Diese Fläche (laut Tabelle 2, S. 97) ist 0,1915.

Da auch die Abweichungen nach unten bestimmt werden müssen, aber diese gleich groß wie nach oben sind, kann der Tabellenwert mit 2 multipliziert werden und man erhält die gesuchte Wahrscheinlichkeit.

Ergebnis:

Mit einer Wahrscheinlichkeit von 0,38292 oder 38,292 % hören die Radiohörer die „Rock"-Sendung zwischen 9 und 11 Minuten lang.

3.4 Fallstudie

Ein Automobilkonzern hat ein neues Mittelklasseauto auf den Markt gebracht. Für dieses Auto wurde festgestellt, dass der Durchschnittsverbrauch bei $\mu = 6$ Liter pro 100 km liegt, wobei die Standardabweichung mit $\sigma = 0{,}5$ Liter gemessen wurde.

a. Wie groß ist die Wahrscheinlichkeit dafür, dass der Durchschnittsverbrauch der Autos zwischen 5,5 l und 6,5 l liegt?

Prüffragen:

Ist die Zufallsvariable stetig?

Ja. Zwar ist Liter diskret messbar, da aber sehr kleine Untermengen denkbar sind, kann Stetigkeit angenommen werden.

Ist die Grundgesamtheit sehr groß, so dass von einer Normalverteilung ausgegangen werden kann?

Ja, denn es werden sehr viele Autos produziert.

Lösung:

Es wird die standardisierte Normalverteilung zur Berechnung der Wahrscheinlichkeit genutzt, wobei

$$\mu = 6 \quad und \quad \sigma = 0{,}5$$

$$t_1 = 5{,}5 \quad und \quad t_2 = 6{,}5$$

Es empfiehlt sich, die Normalverteilung zu skizzieren, um die gesuchte Fläche eindeutig zu definieren.

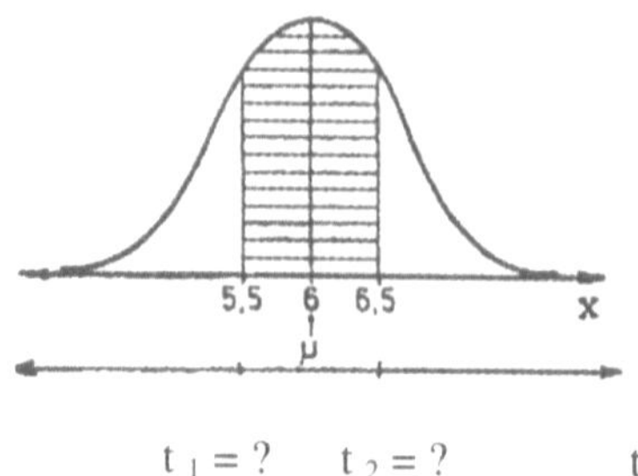

Abbildung 7: Gleiche Abweichung vom Mittelwert

Berechnung von t_1 oder t_2: Da die Abweichung vom Mittelwert gleich groß ist, kann der eine oder der andere Wert bestimmt werden.

$$t_1 = \frac{x_2 - \mu}{\sigma} = \frac{6{,}5 - 6}{0{,}5} = 1$$

Anwendung der Tabelle:

In der Tabelle 2, Seite 97 findet sich bei dem Wert von 1 die gesuchte Wahrscheinlichkeit von 0,3413. Da man eine Abweichung nach beiden Seiten hat, ist mit 2 zu multiplizieren; es ergibt sich 0,6826.

Interpretation:

68,26 % der produzierten Autos haben einen Durchschnittsverbrauch von 5,5 l bis 6,5 l pro 100 km. Wkt $(5{,}5 \leq x \leq 6{,}5) = 0{,}6826$ oder 68,26 %

b. Wie groß ist der Anteil derjenigen Autos, die weniger als 5 l pro 100 km verbrauchen?

Hinweis: Da alle Voraussetzungen für die Normalverteilung bereits geprüft sind, kann man sofort zur Lösung übergehen.

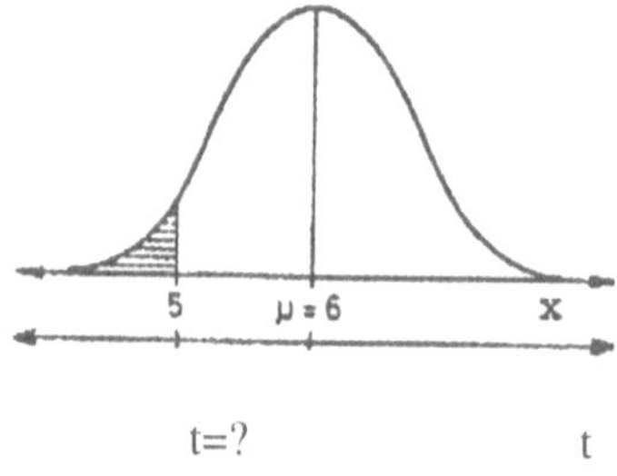

Abbildung 8: Abweichung vom Mittelwert nach unten

$$t = \frac{x - \mu}{\sigma} = \frac{5 - 6}{0{,}5} = -2$$

Ablesen in der Tabelle 1 auf der Seite 96 unter -2 ergibt 0,0228.

Wkt $(x \leq 5) = 0{,}0228$ oder 2,28 % der Autos haben einen Verbrauch von weniger oder gleich 5 l.

c. Wie groß ist der Anteil derjenigen Autos, die 7l oder mehr verbrauchen?

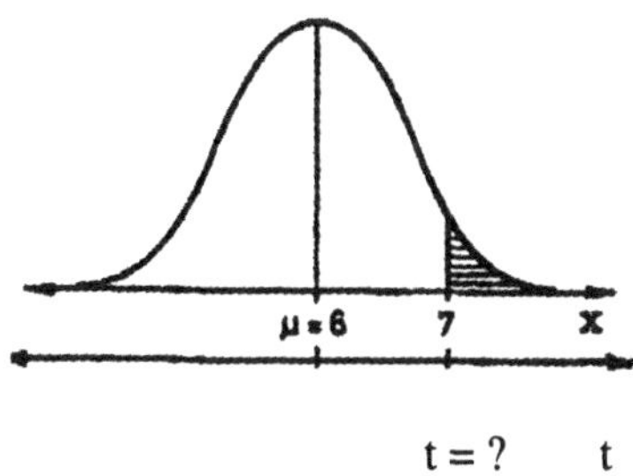

Abbildung 9: Abweichung vom Mittelwert nach oben

$$t = \frac{x - \mu}{\sigma} = \frac{7 - 6}{0{,}5} = 2$$

Die Wahrscheinlichkeit beträgt (Tabelle 2, S. 97): Wkt ($x \geq 7$) = 0,5 – 0,4772 = 0,0228 oder 2,28 % der Autos haben einen Verbrauch von 7 l oder mehr.

Hinweis: Dieses Ergebnis ist gleich dem Ergebnis zu der Frage b., da die Abstände vom Mittelwert gleich groß sind und wegen der Symmetrie der Normalverteilung genau der gleiche Wert sich einstellen musste.

d. Wie groß ist der Anteil derjenigen Autos, die einen Verbrauch von 7 l bis 7,5 l erwarten lassen?

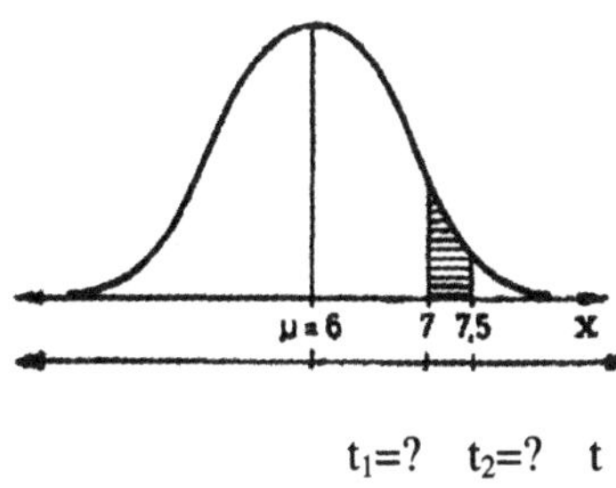

Abbildung 10: Werte zwischen zwei Grenzpunkten

Da die schraffierte Fläche zwischen zwei t Werten liegt, müssen beide bestimmt werden.

$$t_1 = \frac{7-6}{0,5} = 2$$

$$t_2 = \frac{7,5-6}{0,5} = 3$$

Die Wahrscheinlichkeit von t_1 beträgt (Tabelle 2, S. 97) 0,4772 und diejenige für t_2 beträgt 0,4986. Da die Wahrscheinlichkeit zwischen den beiden Grenzwerten gesucht wird, ist von 0,4986 der Wert von 0,4772 zu subtrahieren; es ergibt sich

Wkt $(7 \leq x \leq 7,5) = 0,4986 - 0,4772 = 0,0214$ oder 2,14 % .

Der Anteil der Autos mit einem Verbrauch zwischen 7 l und 7,5 l haben, liegt bei 2,14 %.

Zusammenfassung

Verteilung	**Normal / Standardnormal**
Merkmalstyp:	Stetig
Parameter:	μ : Mittelwert / Erwartungswert σ : Standardabweichung
Kurzschreibweise:	Normalverteilung: N(μ ; σ) Standardnormalverteilung: N(*0* ; *1*)
Wahrscheinlichkeitsfunktion / Dichtefunktion der Standardnormalverteilung:	$f(x) = \frac{1}{\sqrt{2\pi}} e^{-\frac{1}{2}t^2}$
Transformationsgleichung zur Bestimmung von t :	$t = \frac{x-\mu}{\sigma}$
Prüffragen / Anwendung:	1. bei stetigen Funktionen 2. bei nichtstetigen Funktionen wenn n > 30 oder Grundgesamtheit normalverteilt

Fragen

1. Was ist eine stetige Funktion?
2. Welches ist der Ereignisraum einer Wahrscheinlichkeitsfunktion und wie groß ist dieser?
3. Wie wird die Wahrscheinlichkeit einer stetigen Wahrscheinlichkeitsfunktion berechnet?
4. Wie viele Normalverteilungen gibt es und wie wird mit dieser Anzahl umgegangen?

5. Was geschieht bei der Transformation der Normalverteilung?

6. Welche Vorteile hat die Normalverteilung im Vergleich zur Binomialverteilung?

Aufgaben

1. Für eine Normalverteilung sind $\mu = 20{,}0$ und $\sigma = 4{,}0$ bekannt. Zu berechnen ist:

   a. Der zugehörigen t- Wert zu 25,0

   b. Wie groß ist der Flächenanteil zwischen 20,0 und 25,0?

   c. Wie groß ist der Flächenanteil kleiner als 18,0?

2. Eine Fabrik, die unter anderem auch Kugellager produziert, stellt Kugellager mit einem Durchmesser von $\mu = 20{,}00$ mm her. Die Standardabweichung wurde mit $\sigma = 0{,}15$ mm gemessen. Wie groß ist die Wahrscheinlichkeit, dass

   a. die Durchmesser zwischen 20,00 und 20,27 mm liegen?

   b. die Durchmesser 20,27mm und mehr betragen?

   c. die Durchmesser zwischen 19,85 und 20,30 mm liegen?

   d. die Durchmesser 19,91mm und weniger betragen?

3. In einer Schule mit ca. 1000 Kindern wurden die Schultaschen von über 500 Kindern gewogen. Das Durchschnittsgewicht lag bei $\mu = 2{,}8$ kg mit einer Standardabweichung von $\sigma = 0{,}3$ kg. Wie groß ist der Anteil der Schultaschen,

   a. deren Gewicht unterhalb 2,0 kg lag?

   b. deren Gewicht zwischen 2,4 kg und 2,7 kg lag?

4. Ein Omnibusunternehmen unterhält 2 Autobusse und unternimmt mit ihnen wöchentlich eine Fahrt ins Theater. Jeder Autobus hat 40 Sitzplätze; die durchschnittliche Teilnehmerzahl je Fahrt beträgt 60 Reisende bei einer Abweichung von 10 Reisenden. Wie groß ist die Wahrscheinlichkeit, dass er während eines Jahrs nicht alle Interessenten befördern kann? An wie vielen Tagen im Jahr ist dies voraussichtlich der Fall?

5. Bei der Produktion eines Gutes fallen im Durchschnitt 6 % defekte Teile an. Die Ware wird in Partien von 1000 Stück versandt. Die Qualitätskontrolle des Abnehmers reklamiert, wenn in einer Partie mehr als 80 defekte Stücke enthalten sind. Wie groß ist die Wahrscheinlichkeit einer Reklamation?

6. In einer Bank soll ein Beratungsgespräch nicht länger als 45 min dauern. Angenommen, es werden 95 % aller Beratungsgespräche in diesen 45 min abgewickelt, aber 5 % aller Gespräche dauern länger. Wie lange dauert durchschnittlich ein Gespräch, wenn man die Normalverteilung annimmt und eine Standardabweichung von 5 min unterstellt?

4 Intervallschätzung

Lernziel: Sie sollen die Methoden der statistischen Stichprobenverfahren kennen lernen. Sie lernen, wie von einem Stichprobenergebnis in einer Intervallschätzung auf die Grundgesamtheit geschlossen wird, und dass dieser Schluss auch in die umgekehrte Richtung erfolgen kann.

4.1 Teilerhebung und induktive Statistik

Im Gegensatz zu Vollerhebungen, bei denen alle von der Fragestellung betroffenen Untersuchungsobjekte erfasst werden, bedeutet der Begriff „**Teilerhebung**", dass nur eine Teilmenge in die Erhebung einbezogen wird; diese Vorgehensweise ist wesentlich kostengünstiger und in kürzerer Zeit zu realisieren. Allerdings besteht die Gefahr, dass die wirklichen Gegebenheiten der Grundgesamtheit nicht exakt widergespiegelt werden, weil sich die Teilmenge von der Gesamtmenge in der Struktur unterscheidet.

Aus diesem Grund ist darauf zu achten, dass die gewählte Teilmasse repräsentativ für die Gesamtmenge ist.

Eine **repräsentative Stichprobe** ist dann erreicht, wenn die Teilmenge ein verkleinertes aber wirklichkeitsgetreues Abbild der Grundgesamtheit darstellt und die gleichen Merkmale aufweist. Die Repräsentativität kann durch geeignete Auswahlverfahren, beispielsweise Zufallsauswahlverfahren, erreicht werden.

Von der Stichprobe wird mit Hilfe des **Repräsentationsschlusses** auf die Grundgesamtheit hochgerechnet (induktive Statistik).

4.2 Zentraler Grenzwertsatz der Wahrscheinlichkeitsrechnung

Die Bedeutung der Normalverteilung für die induktive Statistik erklärt sich durch den **Zentralen Grenzwertsatz** der Wahrscheinlichkeitsrechnung.

Wenn man aus einer beliebig verteilten Grundgesamtheit mit dem arithmetischen Mittel μ und der Standardabweichung σ Stichproben zieht, so strebt das arithmetische Mittel $\overline{x}$ der Stichprobe mit wachsendem Stichprobenumfang gegen eine **Normalverteilung**. Dies gilt unabhängig von der Verteilung der Grundgesamtheit und kann bei einer Stichprobengröße von mehr als 30 unterstellt werden.

Ein einfaches **Beispiel** soll den Zentralen Grenzwertsatz verdeutlichen.

In einer Urne liegen N = 3 Elemente, mit den Eigenschaften 2, 4, 6; das arithmetische Mittel μ der Grundgesamtheit ist 4. Aus dieser Urne werden n = 2 Elemente mit Zurücklegen gezogen.

Folgende Kombinationen und Mittelwerte der Stichproben $\bar{x}$ sind möglich:

Kombinationen	**Mittelwert**
2, 2	2
2, 4	3
2, 6	4
4, 2	3
4, 4	4
4, 6	5
6, 2	4
6, 4	5
6, 6	6

Bereits bei diesem einfachen Beispiel, bei dem mit n = 2 die Stichprobengröße von 30 (ab 30 kann die Normalverteilung unterstellt werden) bei weitem noch nicht annähernd erreicht ist, zeigt den Trend zu einer Normalverteilung der Stichprobenmittelwerte um den Mittelwert der Grundgesamtheit.

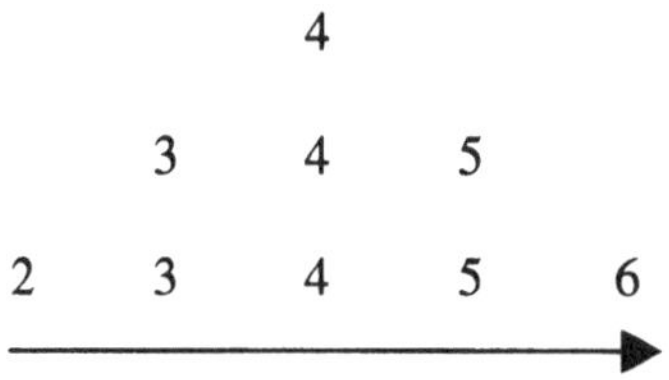

4

3 4 5

2 3 4 5 6

Abbildung 11: Verteilung von Stichprobenmittelwerten

Mit Hilfe des Zentralen Grenzwertsatzes ist es möglich, Vertrauensbereiche – **Konfidenzintervalle** – anzugeben, in denen Mittelwerte mit einer bestimmten Wahrscheinlichkeit liegen.

Symbole der Stichprobenverfahren:

	Grundgesamtheit	**Stichprobe**
Arithmetisches Mittel	μ	$\overline{x}$
Standardabweichung	σ	s
Varianz	σ^2	s^2
Umfang	N	n

4.3 Beispiel zum zentralen Grenzwertsatz

Beispiel:

- Ein idealer Würfel wird einmal geworfen. Stellen Sie die Wahrscheinlichkeiten für das Ergebnis dieses Zufallsexperimentes grafisch dar.
- Nun wird der Würfel zweimal geworfen, oder zwei Würfel gleichzeitig. Die Wahrscheinlichkeiten für die Summe der Augenzahlen sollen grafisch dargestellt werden.
- Wie sieht die Verteilung aus bei drei Würfeln?

- **Ein Würfel:**

Die 6 möglichen Realisationen des Zufallsexperimentes sind gleich verteilt, wenn ein idealer Würfel unterstellt werden kann.

Augenzahl	**Möglichkeiten**	**Wahrscheinlichkeit**
1	1	0,1667
2	1	0,1667
3	1	0,1667
4	1	0,1667
5	1	0,1667
6	1	0,1667
Summe	**6**	**1**

- **Zwei Würfel:**

Wenn die Augenzahlen addiert werden, sind Ergebnisse zwischen 2 und 12 möglich.

Es sollen nun nicht alle Alternativen durchgespielt werden. Am Beispiel der Augenzahl 7 werden in der folgenden Tabelle die 6 Möglichkeiten gezeigt, diese Augenzahl zu erreichen.

1. Würfel	**2. Würfel**	**Summe**
1	6	7
2	5	7
3	4	7
4	3	7
5	2	7
6	1	7

Damit ergeben sich insgesamt folgende Möglichkeiten bei einem Wurf mit 2 Würfeln:

Augenzahl	**Möglichkeiten**	**Wahrscheinlichkeit**
2	1	0,0278
3	2	0,0556
4	3	0,0833
5	4	0,1111
6	5	0,1389
7	6	0,1667
8	5	0,1389
9	4	0,1111
10	3	0,0833
11	2	0,0556
12	1	0,0278
Summe	**36**	**1**

- **Drei Würfel:**

Bei Addition der Augenzahlen, sind Ergebnisse zwischen 3 und 18 möglich.

Die Möglichkeiten und zugehörigen Wahrscheinlichkeiten werden in der Tabelle angegeben, wobei auf die Einzelheiten zur Ermittlung verzichtet wird.

Augenzahl	Möglichkeiten	Wahrscheinlichkeit
3	1	0,0046
4	3	0,0139
5	6	0,0278
6	10	0,0463
7	15	0,0694
8	21	0,0972
9	25	0,1157
10	27	0,125
11	27	0,125
12	25	0,1157
13	21	0,0972
14	15	0,0694
15	10	0,0463
16	6	0,0278
17	3	0,0139
18	1	0,0046
Summe	**216**	**1**

Die grafische Darstellung dieser drei Beispiele zeigt den Trend zu einer Normalverteilung bei zunehmendem Stichprobenumfang.

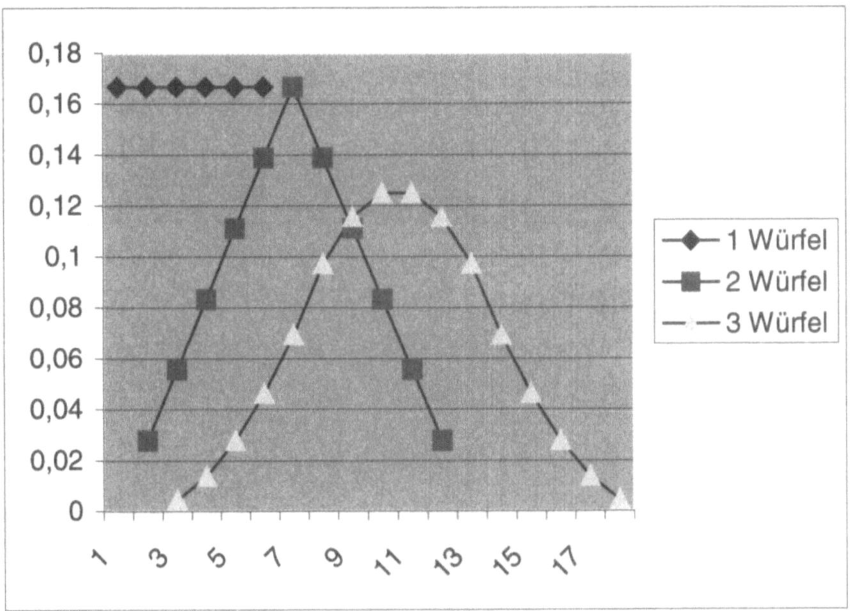

Abbildung 12: Wahrscheinlichkeitsverteilung beim Würfeln

4.4 Grundlagen der Konfidenzintervalle

Nach dem Zentralen Grenzwertsatz ist es möglich, die Normalverteilung zur Berechnung von Konfidenzintervallen oder Vertrauensbereichen heranzuziehen.

Da die Merkmalsausprägungen, die in einer Stichprobe realisiert werden, zufallsabhängig sind, wird der gefundene Wert nicht genau mit dem gesuchten Parameter der Grundgesamtheit übereinstimmen. Um Aussagen über den Bereich, das Intervall, machen zu können, in dem der unbekannte Mittelwert der Grundgesamtheit zu erwarten ist, wird eine **Intervallschätzung** berechnet.

Ausgehend von dem Ergebnis der Stichprobe wird ein Konfidenzintervall ermittelt, in dem der Parameter der Grundgesamtheit mit einer bestimmten vorgegebenen Wahrscheinlichkeit liegt.

Wenn die Grundgesamtheit nicht in einer Vollerhebung erfasst werden kann, sondern von der Stichprobe auf diese geschlossen wird, liegt ein **Repräsentationsschluss** vor.

Bei einem Repräsentationsschluss sind die Parameter der Stichprobe bekannt, aus diesen schließt man auf die unbekannten Parameter der Grundgesamtheit.

Repräsentationsschluss:

Stichprobe		**Grundgesamtheit**
Bekannt: $\bar{x}$, s	$\Rightarrow$	Unbekannt: μ, σ

Bei der umgekehrten Vorgehensweise, wenn aus der bekannten Grundgesamtheit auf die unbekannte Stichprobe geschlossen werden soll, entspricht dies dem **Inklusionsschluss**.

Inklusionsschluss:

Grundgesamtheit		**Stichprobe**
Bekannt: μ, σ	$\Rightarrow$	Unbekannt: $\bar{x}$, s

Bei den in den folgenden Kapiteln angegebenen Formeln für die Berechnung von Konfidenzintervallen wird zunächst immer das **„Urnenmodell mit Zurücklegen"** unterstellt. Dieses Modell geht von der Annahme aus, dass ein Element aus der Grundgesamtheit entnommen wird, seine Merkmalsausprägung festgestellt wird und es dann in die „Urne" zurückgelegt wird, bevor man das nächste Element entnimmt. Somit ändert sich die Grundgesamtheit durch die Stichprobenziehung nicht, jedes Element wird der unveränderten Gesamtheit entnommen und die Wahrscheinlichkeiten bleiben bei jedem Zug gleich.

Wenn aber eine **Ziehung ohne Zurücklegen** vorgenommen wird, ist gegebenenfalls der Endlichkeitskorrekturfaktor multiplikativ an die Formel anzufügen. In der Praxis wird eine Stichprobe fast immer ohne Zurücklegen gezogen. Meist wird die komplette Stichprobe in einem Zug entnommen, dies entspricht dem Modell ohne Zurücklegen.

Endlichkeitskorrekturfaktor: $\sqrt{\dfrac{N-n}{N-1}}$

Durch diese Endlichkeitskorrektur soll beim Ziehen ohne Zurücklegen die **Endlichkeit** (Begrenztheit) der Grundgesamtheit berücksichtigt werden, die mit jeder Entnahme kleiner wird. Mit jedem aus der Grundgesamtheit entnommenen Element, das nicht wieder zurückgelegt wird, wird nicht nur die Grundgesamtheit kleiner, sondern es ändern sich auch die Wahrscheinlichkeiten. Die Wahrscheinlichkeit dafür, dass bei einer n-ten Entnahme ein Element mit der Merkmalsausprägung A gezogen wird, hängt davon ab, welche Elemente bereits entnommen wurden.

Wenn N sehr groß ist, also gegen Unendlich geht ($N \Rightarrow \infty$), strebt der Korrekturfaktor gegen 1. In diesem Fall ist die Grundgesamt nicht endlich.

Wenn n sehr klein ist ($n \Rightarrow 0$), geht der Faktor ebenfalls gegen 1.

Da der Endlichkeitskorrekturfaktor multiplikativ in die Formel eingesetzt wird, ist die Veränderung durch ihn sehr gering, wenn er gegen 1 geht. Die Korrektur muss nur dann berücksichtigt werden, wenn sie einen deutlichen Einfluss auf das Ergebnis hat.

In der induktiven Statistik ist die folgende **Faustformel** üblich:

$$\frac{n}{N} > 0{,}05 \quad \Rightarrow \text{ Korrekturfaktor berücksichtigen}$$

Wenn also eine Ziehung ohne Zurücklegen vorliegt und der **Auswahlsatz**, der Anteil der Stichprobe an der Grundgesamtheit, größer als 5 Prozent ist, muss der Endlichkeitskorrekturfaktor bei der Berechnung von Konfidenzintervallen berücksichtigt werden.

4.5 Konfidenzintervalle für Mittelwerte

4.5.1 Repräsentationsschluss

Aus einer Grundgesamtheit können sehr viele verschiedene Stichproben gezogen werden. In jeder Stichprobe kann ein arithmetisches Mittel für ein bestimmtes Merkmal festgestellt werden. Da die Zusammensetzung der Stichprobe vom Zufall abhängt, stellt auch das arithmetische Mittel $\bar{x}$ eine **Zufallsvariable** mit einer bestimmten Wahrscheinlichkeitsfunktion dar.

Der Zentrale Grenzwertsatz der Wahrscheinlichkeitsrechnung zeigt, dass die Stichprobenmittelwerte normalverteilt um den Mittelwert der Grundgesamtheit liegen.

Wenn Mittelwerte wie Umsätze, Bestellwerte, Kosten oder andere Durchschnittswerte auf die Grundgesamtheit übertragen werden sollen, entspricht dies in der Statistik dem quantitativen Fall. Die Formel für das Konfidenzintervall im quantitativen Fall mit Zurücklegen lautet:

Quantitativer Fall, Repräsentationsschluss, mit Zurücklegen

$$\bar{x} - t \cdot \sqrt{\frac{s^2}{n}} \leq \mu \leq \bar{x} + t \cdot \sqrt{\frac{s^2}{n}}$$

Wobei:

$\bar{x}$ = Durchschnittswert (z. B. Durchschnittsumsatz) in der Stichprobe

s = Standardabweichung (Streuung) in der Stichprobe

μ = Durchschnittswert der Grundgesamtheit

n = Größe der Stichprobe

t = Sicherheitsgrad aus der Standardnormalverteilung,

bei 95 % Sicherheit: t = 1,96

Über die Formel wird ein Intervall abgeschätzt, in dem μ bei vorgegebener Sicherheit (t) liegt.

Falls die Ziehung ohne Zurücklegen entnommen wurde und der Auswahlsatz über 5 % liegt, muss hier der **Endlichkeitskorrekturfaktor** berücksichtigt werden, der multiplikativ unter dem Wurzelzeichen ergänzt wird. Die Formel lautet dann:

Quantitativer Fall, Repräsentationsschluss, ohne Zurücklegen

$$\bar{x} - t \cdot \sqrt{\frac{s^2 \cdot (N-n)}{n \cdot (N-1)}} \leq \mu \leq \bar{x} + t \cdot \sqrt{\frac{s^2 \cdot (N-n)}{n \cdot (N-1)}}$$

Beispiel:

In einem Automobilwerk werden zur Qualitätskontrolle 300 Autos eines bestimmten Modells, dessen Motor mit einer Stärke von 100 kw angegeben ist, auf einem Prüfstand getestet. Das Ergebnis dieser Prüfreihe ist in der Tabelle zusammengefasst:

kw	**Häufigkeit**
97	20
98	50
99	60
100	110
101	50
102	10
Summe	**300**

In welchem Bereich liegt mit einer Wahrscheinlichkeit von 95 Prozent die durchschnittliche Leistung aller Autos dieses Modells?

Ansatz:

Dieser Test wird sicherlich nach dem Modell ohne Zurücklegen realisiert; es ist zu prüfen, ob die Endlichkeitskorrektur notwendig ist.

Die Größe der Grundgesamtheit N ist nicht bekannt. Es soll jedoch davon ausgegangen werden, dass es sich um eine Großserienproduktion handelt und die 300 getesteten Modelle nicht mehr als 5 Prozent der Grundgesamtheit darstellen. Somit kann auf den Korrekturfaktor verzichtet werden.

Berechnung:

Für die Berechnung des Konfidenzintervalls werden das arithmetische Mittel und die Standardabweichung der Stichprobe benötigt, die sich aus den in der Tabelle angegebenen Messwerten ermitteln lassen.

Arbeitstabelle:

x_i	f_i	$x_i f_i$	$x_i - \bar{x}$	$(x_i - \bar{x})^2$	$(x_i - \bar{x})^2 f_i$
97	20	1.940	- 2,5	6,25	125
98	50	4.900	- 1,5	2,25	112,5
99	60	5.940	- 0,5	0,25	15
100	110	11.000	+ 0,5	0,25	27,5
101	50	5.050	+ 1,5	2,25	112,5
102	10	1.020	+ 2,5	6,25	62,5
Summe	**300**	**29.850**	-	-	**455**

$$\bar{x} = \frac{29.850}{300} = 99{,}5$$

$$s = \sqrt{\frac{455}{300}} = 1{,}2315$$

Der Sicherheitsgrad ist mit 95 Prozent vorgegeben, t = 1,96 (Tabelle 2, S. 97, ablesen unter 0,95 : 2 = 0,475).

$$99{,}5 - 1{,}96 \cdot \sqrt{\frac{1{,}2315^2}{300}} \leq \mu \leq 99{,}5 + 1{,}96 \cdot \sqrt{\frac{1{,}2315^2}{300}}$$

$$99{,}5 - 1{,}96 \cdot \sqrt{0{,}00505} \leq \mu \leq 99{,}5 + 1{,}96 \cdot \sqrt{0{,}00505}$$

$$99{,}5 - 1{,}96 \cdot 0{,}0711 \leq \mu \leq 99{,}5 + 1{,}96 \cdot 0{,}0711$$

$$99{,}5 - 0{,}1394 \leq \mu \leq 99{,}5 + 0{,}1394$$

$$99{,}3606 \leq \mu \leq 99{,}6394$$

Interpretation:

Mit einer Sicherheitswahrscheinlichkeit von 95 Prozent kann gesagt werden, dass die Motorenstärke in der Grundgesamtheit, bei allen Autos dieser Produktionsreihe, zwischen 99,36 und 99,64 kw liegt.

4.5.2 Inklusionsschluss

Beim Inklusionsschluss ist die Grundgesamtheit bekannt und man schließt auf die Stichprobe. Die Formel für das Konfidenzintervall im quantitativen Fall mit oder ohne Zurücklegen lautet:

Quantitativer Fall, Inklusionsschluss, mit Zurücklegen

$$\mu - t \cdot \sqrt{\frac{\sigma^2}{n}} \leq \bar{x} \leq \mu + t \cdot \sqrt{\frac{\sigma^2}{n}}$$

Quantitativer Fall, Inklusionsschluss, ohne Zurücklegen

$$\mu - t \cdot \sqrt{\frac{\sigma^2 \cdot (N-n)}{n \cdot (N-1)}} \leq \bar{x} \leq \mu + t \cdot \sqrt{\frac{\sigma^2 \cdot (N-n)}{n \cdot (N-1)}}$$

Beispiel:

Der Automobilhersteller weiß, dass die 1.000 Autos, die er in einer bestimmten Zeit in einer bestimmten Baureihe produziert hat, einen durchschnittlichen Benzinverbrauch von 8 Litern pro 100 km haben bei einer Standardabweichung von 0,4 Litern.

Ein Großkunde bestellt 40 Autos. In welchem Bereich liegt mit einer Sicherheitswahrscheinlichkeit von 95 Prozent der durchschnittliche Benzinverbrauch dieser Autos?

Wie ändert sich das Ergebnis, wenn der Großkunde 60 Autos bestellt?

Ansatz:

Es handelt sich wieder um das Modell ohne Zurücklegen, bei dem die Endlichkeitskorrektur nicht notwendig ist, da der Auswahlsatz 4 % beträgt.

Es wird von der Grundgesamtheit auf eine Stichprobe geschlossen, der Inklusionsschluss ist anzuwenden.

Berechnung:

$$8-1{,}96\cdot\sqrt{\frac{0{,}4^2}{40}}\le\bar{x}\le 8+1{,}96\cdot\sqrt{\frac{0{,}4^2}{40}}$$

$$8-1{,}96\cdot\sqrt{0{,}004}\le\bar{x}\le 8+1{,}96\cdot\sqrt{0{,}004}$$

$$8-1{,}96\cdot 0{,}0632\le\bar{x}\le 8+1{,}96\cdot 0{,}0632$$

$$7{,}8760\le\bar{x}\le 8{,}1240$$

Interpretation:

Mit einer Sicherheitswahrscheinlichkeit von 95 Prozent liegt der durchschnittliche Benzinverbrauch in der Stichprobe, bei den 40 gekauften Autos, zwischen 7,88 und 8,12 Litern pro 100 km.

Beispiel:

Was ändert sich nun, wenn der Großkunde nicht 40 sondern 60 Autos kauft?

Ansatz:

In diesem Fall ist der Auswahlsatz 6 Prozent (60 aus 1.000), und da von einem Modell ohne Zurücklegen ausgegangen werden muss, ist der Endlichkeitskorrekturfaktor zu berücksichtigen.

Berechnung:

$$8-1{,}96\cdot\sqrt{\frac{0{,}4^2\cdot(1.000-60)}{60\cdot(1.000-1)}}\le\bar{x}\le 8+1{,}96\cdot\sqrt{\frac{0{,}4^2\cdot(1.000-60)}{60\cdot(1.000-1)}}$$

$$8-1{,}96\cdot\sqrt{\frac{0{,}16\cdot 940}{60\cdot 999}}\le\bar{x}\le 8+1{,}96\cdot\sqrt{\frac{0{,}16\cdot 940}{60\cdot 999}}$$

$$8-1{,}96\cdot\sqrt{0{,}00251}\le\bar{x}\le 8+1{,}96\cdot\sqrt{0{,}00251}$$

$$8-1{,}96\cdot 0{,}05009\le\bar{x}\le 8+1{,}96\cdot 0{,}05009$$

$$7{,}9018\le\bar{x}\le 8{,}0982$$

Interpretation:

Mit einer Sicherheitswahrscheinlichkeit von 95 Prozent liegt der durchschnittliche Benzinverbrauch in der Stichprobe der 60 gekauften Autos zwischen 7,9 und 8,1 Litern pro 100 km.

4.6 Konfidenzintervalle für Anteilswerte

4.6.1 Repräsentationsschluss

Bei Intervallschätzungen für Anteilswerte, oder qualitative Fragestellungen, wird ausgehend von einem Anteilswert p, der in einer Stichprobe beobachtet wurde, auf die Größe des unbekannten Anteilswertes P in der Grundgesamtheit geschlossen.

Auch hier kann nach dem Zentralen Grenzwertsatz der Wahrscheinlichkeitsrechnung unterstellt werden, dass die Verteilung der Stichprobenanteile normalverteilt ist, wenn die Stichprobe genügend groß ist.

Qualitativer Fall, Repräsentationsschluss, mit Zurücklegen

$$p - t \cdot \sqrt{\frac{p \cdot q}{n}} \leq P \leq p + t \cdot \sqrt{\frac{p \cdot q}{n}}$$

Wobei:

p = Anteilswert in der Stichprobe

q = Gegenwahrscheinlichkeit zu p, q = 1 - p

P = Anteilswert in der Grundgesamtheit

n = Größe der Stichprobe

t = Sicherheitsgrad aus der Tabelle der Standardnormalverteilung.

Die Formel mit Endlichkeitskorrekturfaktor lautet:

Qualitativer Fall, Repräsentationsschluss, ohne Zurücklegen

$$p - t \cdot \sqrt{\frac{(p \cdot q) \cdot (N-n)}{n \cdot (N-1)}} \leq P \leq p + t \cdot \sqrt{\frac{(p \cdot q) \cdot (N-n)}{n \cdot (N-1)}}$$

Beispiel:

Der Automobilhersteller hat von einem bestimmten Modell im letzten Jahr 100.000 Autos verkauft. In einer Kundenbefragung bei 2.000 Käufern wurden die Berufsgruppen erhoben. Von den 2.000 Befragten waren beispielsweise 600 Angestellte und 400 Beamte.

Mit welchem Anteil werden bei einer Sicherheit von 90 Prozent die beiden Berufsgruppen bei allen Käufern des Jahres vertreten sein?

Ansatz:

Es ist nach einem Anteil gefragt, es liegt eine qualitative Fragestellung vor.

Wie in der Marktforschung üblich wird die Stichprobe ohne Zurücklegen gezogen; es ist also zu prüfen, ob der Endlichkeitskorrekturfaktor zu berücksichtigen ist.

Da der Auswahlsatz nur 2 Prozent beträgt (2.000 Befragte von 100.000 Käufern) und der Korrekturfaktor nahe 1 liegt, kann er vernachlässigt werden.

Der t-Wert aus der Standardnormalverteilung beträgt bei 90 Prozent t = 1,645 (ablesen aus Tabelle 2, S. 97, bei 0,90 : 2 = 0,45).

Berechnung:

600 Angestellte in der Stichprobe entsprechen einem Anteil von 30 Prozent.

$$0{,}3 - 1{,}645 \cdot \sqrt{\frac{0{,}3 \cdot 0{,}7}{2.000}} \leq P \leq 0{,}3 + 1{,}645 \cdot \sqrt{\frac{0{,}3 \cdot 0{,}7}{2.000}}$$

$$0{,}3 - 1{,}645 \cdot \sqrt{0{,}000105} \leq P \leq 0{,}3 + 1{,}645 \cdot \sqrt{0{,}000105}$$

$$0{,}3 - 1{,}645 \cdot 0{,}010247 \leq P \leq 0{,}3 + 1{,}645 \cdot 0{,}010247$$

$$0{,}2831 \leq P \leq 0{,}3169$$

Interpretation:

Mit einer Sicherheitswahrscheinlichkeit von 90 Prozent werden die Angestellten bei allen Käufern bei einem Anteil zwischen 28,3 und 31,7 Prozent liegen.

Berechnung:

Die 400 Beamten entsprechen 20 Prozent.

$$0{,}2-1{,}645\cdot\sqrt{\frac{0{,}2\cdot 0{,}8}{2.000}}\leq P\leq 0{,}2+1{,}645\cdot\sqrt{\frac{0{,}2\cdot 0{,}8}{2.000}}$$

$$0{,}2-1{,}645\cdot\sqrt{0{,}00008}\leq P\leq 0{,}2+1{,}645\cdot\sqrt{0{,}00008}$$

$$0{,}1853\leq P\leq 0{,}2147$$

Interpretation:

Mit einer Sicherheitswahrscheinlichkeit von 90 Prozent werden die Beamten in der Grundgesamtheit zwischen 18,5 und 21,5 Prozent liegen.

4.6.2 Inklusionsschluss

Wenn von einem bekannten Anteil P der Grundgesamtheit auf den unbekannten Anteil p einer Stichprobe geschlossen werden soll, geschieht dies mit einem Inklusionsschluss.

Qualitativer Fall, Inklusionsschluss, mit Zurücklegen

$$P-t\cdot\sqrt{\frac{P\cdot Q}{n}}\leq p\leq P+t\cdot\sqrt{\frac{P\cdot Q}{n}}$$

Die Formel mit Endlichkeitskorrekturfaktor lautet:

Qualitativer Fall, Inklusionsschluss, ohne Zurücklegen

$$P-t\cdot\sqrt{\frac{(P\cdot Q)\cdot(N-n)}{n\cdot(N-1)}}\leq p\leq P+t\cdot\sqrt{\frac{(P\cdot Q)\cdot(N-n)}{n\cdot(N-1)}}$$

Beispiel:

Der Autohersteller weiß aus einer Branchenstudie, dass 35 Prozent aller Leasingrückläufer einen Schaden haben, der vor dem Weiterverkauf repariert werden muss. Im kommenden Monat werden 100 Fahrzeuge aus abgelaufenen Leasingverträgen erwartet.

In welchem Bereich wird der Anteil der schadhaften Fahrzeuge mit einer Sicherheitswahrscheinlichkeit von 95 Prozent liegen?

Ansatz:

Die Information über die Grundgesamtheit ist bekannt, es wird mit Hilfe des Inklusionsschlusses auf die Stichprobe geschlossen. Die Größe der Grundgesamtheit ist nicht gegeben; man kann jedoch davon ausgehen, dass diese sehr groß ist (Branchenstudie) und auf den Korrekturfaktor verzichtet werden darf.

Berechnung:

$$0{,}35-1{,}96\cdot\sqrt{\frac{0{,}35\cdot 0{,}65}{100}}\le p\le 0{,}35+1{,}96\cdot\sqrt{\frac{0{,}35\cdot 0{,}65}{100}}$$

$$0{,}2565\le p\le 0{,}4435$$

Interpretation:

Der Anteil bei den 100 Fahrzeugen wird zwischen 25,6 und 44,4 Prozent betragen. Wegen der geringen Stichprobengröße ist das Konfidenzintervall relativ breit.

4.7 Fallstudie

Beispiel:

An einer großen Universität sind 20.000 Studierende immatrikuliert. Bei einer Umfrage unter 800 Studierenden zeigt sich, dass 200 mit der Wahl ihres Studienfaches nicht zufrieden sind.

Außerdem ergab diese Befragung, dass die durchschnittliche Entfernung der Universität vom Heimatwohnort der Studierenden 340 km beträgt, die Standardabweichung ist 150 km.

Berechnen Sie mit einer Sicherheitswahrscheinlichkeit von 95 Prozent den Anteil der Unzufriedenen und die Entfernung vom Heimatort für alle immatrikulierten Studierenden dieser Universität.

1. Aufgabe: Unzufriedenheit mit dem Studienfach

Ansatz:

Es handelt sich um einen qualitativen Fall, es ist nach einem Anteil gefragt.

Da von der Stichprobe auf die Gesamtheit aller an der Universität immatrikulierten Studierenden geschlossen werden soll, ist ein Repräsentationsschluss gefragt.

Die Auswahl wird ohne Zurücklegen erfolgen, so dass der Endlichkeitskorrekturfaktor zu berücksichtigen ist. Allerdings liegt der Auswahlsatz mit 4 Prozent (800 von 20.000) unter der Grenze von 5 Prozent, so dass auf den Korrekturfaktor verzichtet werden kann. Der Korrekturfaktor geht gegen 1, er hat somit nur eine sehr geringe Wirkung auf das Ergebnis. Bei einem Sicherheitsgrad von 95 Prozent beträgt der Wert aus der Standardnormalverteilung t = 1,96

Der Anteil der Unzufriedenen beträgt p = 0,25 (200 von 800)

Berechnung:

$$0{,}25-1{,}96\cdot\sqrt{\frac{0{,}25\cdot 0{,}75}{800}}\leq P\leq 0{,}25+1{,}96\cdot\sqrt{\frac{0{,}25\cdot 0{,}75}{800}}$$

$$0{,}25-1{,}96\cdot\sqrt{0{,}000023}\leq P\leq 0{,}25+1{,}96\cdot\sqrt{0{,}000023}$$

$$0{,}22\leq P\leq 0{,}28$$

Interpretation:

Der Anteil der mit der Wahl ihres Studienfaches Unzufriedenen bei allen Studierenden liegt mit einer Sicherheit von 95 Prozent zwischen 22 und 28 %.

2. Aufgabe: Entfernung vom Heimatort

Ansatz:

Es handelt sich um einen quantitativen Fall, es ist nach einem Mittelwert gefragt. Auch hier wird von der Stichprobe auf die Gesamtheit geschlossen, ist handelt sich um einen Repräsentationsschluss.

Wie bei der ersten Teilaufgabe beschrieben, erfolgt die Auswahl ohne Zurücklegen, aber der Auswahlsatz liegt unter der kritischen Grenze, so dass auf den Korrekturfaktor verzichtet werden kann.

Das arithmetische Mittel der Stichprobe beträgt $\bar{x} = 340$. Die Standardabweichung σ der Grundgesamtheit ist nicht bekannt, gegeben ist die Streuung der Stichprobe s = 150. Sie kann als Schätzwert für σ verwendet werden. Der Sicherheitsgrad ist t = 1,96

Berechnung:

$$340 - 1{,}96 \cdot \sqrt{\frac{150^2}{800}} \leq \mu \leq 340 + 1{,}96 \cdot \sqrt{\frac{150^2}{800}}$$

$$340 - 1{,}96 \cdot \sqrt{28{,}125} \leq \mu \leq 340 + 1{,}96 \cdot \sqrt{28{,}125}$$

$$340 - 10{,}39 \leq \mu \leq 340 + 10{,}39$$

$$329{,}61 \leq \mu \leq 350{,}39$$

Interpretation:

Mit einer Sicherheit von 95 Prozent ist die durchschnittliche Entfernung der Universität vom Heimatort der Studierenden zwischen 330 und 350 km.

Zusammenfassung

Zur Auswahl des geeigneten Ansatzes für eine Fragestellung zu Konfidenzintervallen sollte nach dem in der folgenden Abbildung dargestellten Schema vorgegangen werden.

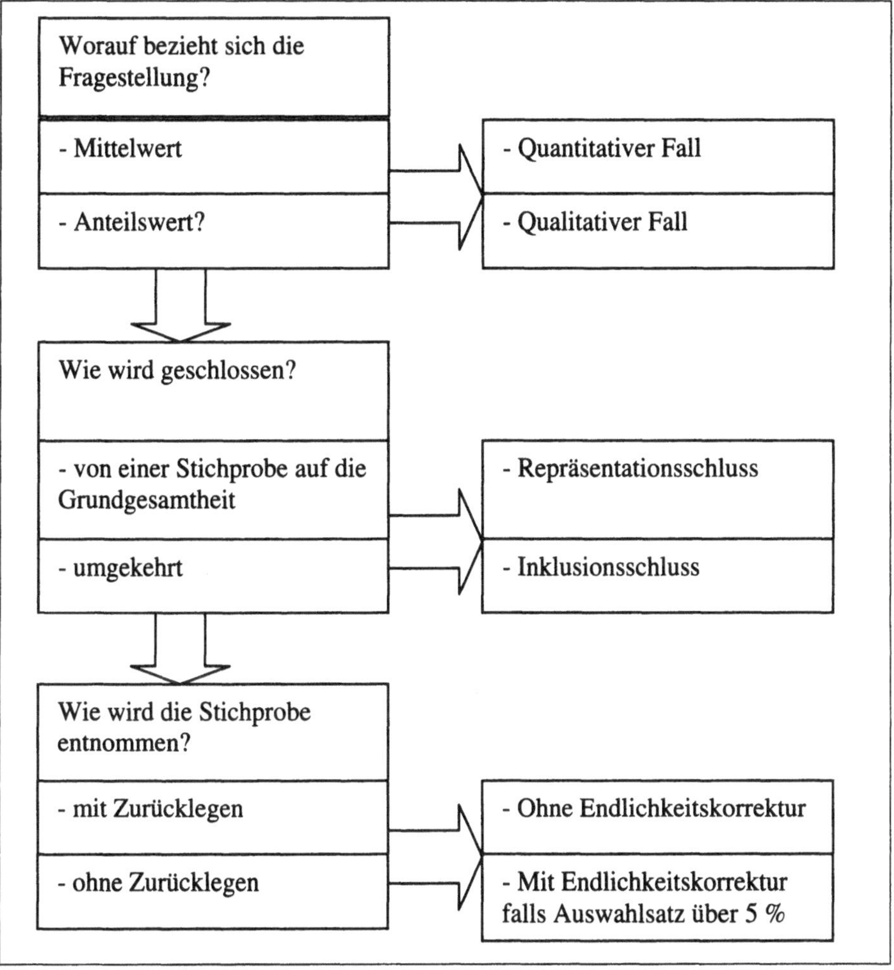

Quantitativer Fall, Mittelwerte	
Repräsentationsschluss Mit Zurücklegen	$\bar{x}-t\cdot\sqrt{\frac{s^2}{n}}\leq\mu\leq\bar{x}+t\cdot\sqrt{\frac{s^2}{n}}$
Repräsentationsschluss Ohne Zurücklegen Mit Endlichkeitskorr.	$\bar{x}-t\cdot\sqrt{\frac{s^2\cdot(N-n)}{n\cdot(N-1)}}\leq\mu\leq\bar{x}+t\cdot\sqrt{\frac{s^2\cdot(N-n)}{n\cdot(N-1)}}$
Inklusionsschluss Mit Zurücklegen	$\mu-t\cdot\sqrt{\frac{\sigma^2}{n}}\leq\bar{x}\leq\mu+t\cdot\sqrt{\frac{\sigma^2}{n}}$
Inklusionsschluss Ohne Zurücklegen Mit Endlichkeitskorr.	$\mu-t\cdot\sqrt{\frac{\sigma^2\cdot(N-n)}{n\cdot(N-1)}}\leq\bar{x}\leq\mu+t\cdot\sqrt{\frac{\sigma^2\cdot(N-n)}{n\cdot(N-1)}}$
Qualitativer Fall, Anteilswerte	
Repräsentationsschluss Mit Zurücklegen	$p-t\cdot\sqrt{\frac{p\cdot q}{n}}\leq P\leq p+t\cdot\sqrt{\frac{p\cdot q}{n}}$
Repräsentationsschluss Ohne Zurücklegen Mit Endlichkeitskorr.	$p-t\cdot\sqrt{\frac{(p\cdot q)\cdot(N-n)}{n\cdot(N-1)}}\leq P\leq p+t\cdot\sqrt{\frac{(p\cdot q)\cdot(N-n)}{n\cdot(N-1)}}$
Inklusionsschluss Mit Zurücklegen	$P-t\cdot\sqrt{\frac{P\cdot Q}{n}}\leq p\leq P+t\cdot\sqrt{\frac{P\cdot Q}{n}}$
Inklusionsschluss Ohne Zurücklegen Mit Endlichkeitskorr.	$P-t\cdot\sqrt{\frac{(P\cdot Q)\cdot(N-n)}{n\cdot(N-1)}}\leq p\leq P+t\cdot\sqrt{\frac{(P\cdot Q)\cdot(N-n)}{n\cdot(N-1)}}$

Fragen

1. Erklären Sie den Begriff Inklusionsschluss.

2. Unter welchen Umständen muss bei der Berechnung eines Konfidenzintervalls der Endlichkeitskorrekturfaktor berücksichtigt werden?

3. Was versteht man unter einer quantitativen Fragestellung bei der Berechnung eines Konfidenzintervalls?

Aufgaben

1. Ein Unternehmen hat in einer Testaussendung von 5.000 Mailings aus einer Adressliste von 500.000 Personen eine Response von 3 % erzielt. Welcher Rücklauf ist bei der Hauptaussendung an alle 500.000 Adressen (bzw. an die verbleibenden 495.000) zu erwarten? Der Sicherheitsgrad soll, wie meist üblich, auf 95 % festgesetzt werden.

2. Das Unternehmen aus der Aufgabe 1. hat aus einer Adressliste von 60.000 Adressen 6.000 für einen Test ausgewählt. Der Test erbrachte einen Rücklauf von 0,5 %. Welche Erfolgsquote ist bei der Aussendung an alle zu erwarten?

5 Notwendiger Stichprobenumfang

Lernziel: Schon bei der Konzeption einer Marktforschungsuntersuchung ist der notwendige Umfang der Stichprobe zu ermitteln. Sie lernen die Methoden kennen, mit denen berechnet wird, wie groß der Stichprobenumfang sein muss, um bei einem vorgegebenen Sicherheitsgrad eine bestimmte Genauigkeit der Schätzung zu erreichen.

5.1 Grundlagen

Die Beispiele zur Berechnung von Konfidenzintervallen haben bereits gezeigt, dass bei größer werdendem **Stichprobenumfang** die Breite des Intervalls abnimmt. Durch die Stichprobengröße wird also die Qualität der Schätzung beeinflusst.

Beispiel:

Ein Unternehmen stellt ein elektronisches Bauteil her, von dem bekannt ist, dass seine Lebensdauer normalverteilt ist mit einer Standardabweichung von 400 Stunden.

In einer Qualitätskontrolle wird eine Stichprobe gezogen mit dem Umfang

a. n = 200

b. n = 800

c. n = 1.800

Jede Stichprobe erbringt eine durchschnittliche Lebensdauer von 2.000 Stunden. Die Produktion ist sehr groß, so dass auf den Endlichkeitskorrekturfaktor verzichtet werden kann.

In welchem Intervall wird jeweils mit einer Wahrscheinlichkeit von 95 Prozent die durchschnittliche Lebensdauer aller elektronischen Bauteile der gesamten Produktion liegen?

Ansatz:

Quantitativer Fall, Repräsentationsschluss, ohne Korrekturfaktor

Berechnung:

a. n = 200

$$2.000 - 1{,}96 \cdot \sqrt{\frac{400^2}{200}} \leq \mu \leq 2.000 + 1{,}96 \cdot \sqrt{\frac{400^2}{200}}$$

$$1.944{,}56 \leq \mu \leq 2.055{,}44 \quad (\pm 55{,}44)$$

b. n = 800

$$2.000 - 1{,}96 \cdot \sqrt{\frac{400^2}{800}} \leq \mu \leq 2.000 + 1{,}96 \cdot \sqrt{\frac{400^2}{800}}$$

$$1.972{,}28 \leq \mu \leq 2.027{,}72 \quad (\pm 27{,}72)$$

c. n = 1.800

$$2.000 - 1{,}96 \cdot \sqrt{\frac{400^2}{1800}} \leq \mu \leq 2.000 + 1{,}96 \cdot \sqrt{\frac{400^2}{1800}}$$

$$1.981{,}52 \leq \mu \leq 2.018{,}48 \quad (\pm 18{,}48)$$

Interpretation:

Das Beispiel zeigt, dass die Breite des Konfidenzintervalls sich halbiert, wenn der Stichprobenumfang vervierfacht wird (n steht unter der Wurzel). Eine Erhöhung von n auf das Neunfache drittelt somit die Breite der Intervallschätzung.

Die Fragestellung lässt sich nun **umkehren**:

Wie groß muss der Stichprobenumfang sein, um eine bestimmte Genauigkeit der Schätzung bei einem vorgegebenen Sicherheitsgrad zu erreichen?

Beispiel 1:

Ein Hersteller von Personenaufzügen benötigt für seine Konstruktionsplanung das durchschnittliche Gewicht der Mitarbeiter eines großen Unternehmens. Mit einem Sicherheitsgrad von 90 Prozent soll dieses auf ± 2 kg genau durch eine Stichprobe erhoben werden. Wie groß muss der Stichprobenumfang mindestens sein, um diese Forderung erfüllen zu können? (Die Lösung erfolgt in Kapitel 5.2.)

Beispiel 2:

Eine Partei möchte ihr derzeitiges Wählerpotenzial auf ± 2 Prozentpunkte genau wissen und dabei einen Sicherheitsgrad von 95 Prozent unterstellen. Wie groß muss der Stichprobenumfang sein? (Die Lösung erfolgt in Kapitel 5.3.)

Diese Fragestellungen zeigen, dass auch bei der Berechnung von Stichprobenumfängen ein Sicherheitsgrad vorgegeben werden muss.

Daneben wird die Breite der Schätzung (± 2 kg, ± 2 Prozentpunkte) festgelegt, die man bereit ist zu akzeptieren. Diese Breite wird als absoluter Stichprobenfehler (e für error) bezeichnet; absolut, da es um eine Schwankung in beide Richtungen geht.

Absoluter Stichprobenfehler: $|e|$

Die beiden Aufgabenstellungen zeigen, dass auch hier der quantitative (Mittelwerte) und der qualitative (Anteilswerte) Fall zu unterscheiden ist.

5.2 Stichprobenumfang bei quantitativen Merkmalen

Die Formel für das Konfidenzintervall (Inklusionsschluss, ohne Korrekturfaktor) lässt sich nach n auflösen.

$$\mu - t \cdot \sqrt{\frac{\sigma^2}{n}} \le \bar{x} \le \mu + t \cdot \sqrt{\frac{\sigma^2}{n}}$$

Der Stichprobenfehler entspricht der Breite des Konfidenzintervalls.

$$|e| = t \cdot \sqrt{\frac{\sigma^2}{n}}$$

Stichprobenumfang, quantitativer Fall, ohne Korrekturfaktor

$$n \ge \frac{t^2 \cdot \sigma^2}{e^2}$$

Wenn die Stichprobe ohne Zurücklegen gezogen wird und der Auswahlsatz über 5 Prozent liegt, muss der Endlichkeitskorrekturfaktor berücksichtigt werden (vgl. Kapitel 4.4). Die Formel lautet dann:

Stichprobenumfang, quantitativer Fall, mit Korrekturfaktor

$$n \geq \frac{t^2 \cdot \sigma^2 \cdot N}{(N-1) \cdot e^2 + t^2 \cdot \sigma^2}$$

Die Formeln enthalten für die praktische Anwendung zwei Probleme.

Die **Streuung** σ der Grundgesamtheit muss bekannt sein. Wenn hierüber keine Kenntnisse vorliegen, kann man auf die Streuung s der Stichprobe als Schätzwert zurückgreifen oder in einer Pilotstudie einen Schätzwert für diese Streuung ermitteln.

Das zweite Problem liegt in der Anwendung des **Korrekturfaktors**. Wenn die Größe der Grundgesamtheit bekannt ist, muss der Korrekturfaktor beim Ziehen ohne Zurücklegen berücksichtigt werden, wenn mehr als 5 Prozent der Grundgesamtheit gezogen werden. Wie soll man dies beantworten, wenn der Stichprobenumfang ja gerade bestimmt werden soll? Hier kann man sich nur mit Schätzungen behelfen.

Ansatz zum Beispiel 1:

Zu der oben gestellten Aufgabe des Herstellers von Personenaufzügen, der das durchschnittliche Gewicht der Mitarbeiter eines großen Unternehmens ermitteln möchte, ergibt sich die folgende Vorgehensweise:

Auf der Basis einer Pilotstudie wird eine Standardabweichung von 20 kg geschätzt. Der Sicherheitsgrad ist in der Aufgabenstellung auf 90 Prozent festgesetzt (t = 1,645) und der Stichprobenfehler auf ± 2 kg. Das Unternehmen hat insgesamt N = 3.000 Mitarbeiter.

Die Ziehung erfolgt nach dem Modell ohne Zurücklegen. Bei einem Stichprobenumfang von 150 wäre ein Auswahlsatz von 5 Prozent erreicht, die Grundgesamtheit ist nicht sehr groß. Der Endlichkeitskorrekturfaktor wird vermutlich benötigt.

Berechnung:

$$n \geq \frac{1{,}645^2 \cdot 20^2 \cdot 3.000}{(3.000-1) \cdot 2^2 + 1{,}645^2 \cdot 20^2} = \frac{3.247.230}{13.078{,}41} = 248{,}29$$

Interpretation:

Insgesamt müssen 249 Mitarbeiter auf ihr Gewicht überprüft werden, damit von dieser Stichprobe mit einer Sicherheitswahrscheinlichkeit von 90 Prozent auf das Durchschnittsgewicht aller Mitarbeiter auf ± 2 kg genau geschlossen werden kann.

5.3 Stichprobenumfang bei qualitativen Merkmalen

Ausgehend von der Formel für den Inklusionsschluss des qualitativen Konfidenzintervalls lässt sich der notwendige Stichprobenumfang berechnen.

$$P - t \cdot \sqrt{\frac{P \cdot Q}{n}} \leq p \leq P + t \cdot \sqrt{\frac{P \cdot Q}{n}}$$

$$|e| = t \cdot \sqrt{\frac{P \cdot Q}{n}}$$

Stichprobenumfang, qualitativer Fall, ohne Korrekturfaktor

$$n \geq \frac{t^2 \cdot P \cdot Q}{e^2}$$

Mit Endlichkeitskorrekturfaktor lautet die Formel:

Stichprobenumfang, qualitativer Fall, mit Korrekturfaktor

$$n \geq \frac{t^2 \cdot P \cdot Q \cdot N}{(N-1) \cdot e^2 + t^2 \cdot P \cdot Q}$$

Auch hier treten in der praktischen Anwendung Probleme auf.

Ob der Korrekturfaktor benötigt wird, kann nur geschätzt werden.

Der gesuchte **Anteil P** und seine Gegenwahrscheinlichkeit Q müssen für die Anwendung der Formel bekannt sein. Allerdings soll die Stichprobe ja gerade dazu dienen P zu ermitteln.

Wenn keinerlei Informationen zum gesuchten Anteil P vorliegen, beispielsweise aus früheren Untersuchungen, geht man davon aus, dass P = Q = 0,5 gilt.

Diese Annahme entspricht dem **„worst case“** für die Berechnung, da das Produkt aus P und Q, das in die Formel einfließt, in diesem Fall maximal ist. Damit wird der Stichprobenumfang eventuell zu hoch, aber auf keinen Fall zu niedrig. Möglicherweise wurde ein zu hoher Aufwand betrieben, dann wird der Stichprobenfehler geringer sein als gefordert, aber die Studie muss jedenfalls nicht wiederholt werden.

Da in einer Erhebung im Allgemeinen nicht nur ein Merkmal erfasst wird, sondern mehrere, müsste für jede Frage ein eigener Stichprobenumfang berechnet werden. Da unter den zahlreichen Fragen aber vermutlich eine ist, deren Ergebnis in der Nähe von P = 0,5 liegt, ist dann auch für diesen „worst case“ der Stichprobenumfang genügend groß.

Ansatz zum Beispiel 2:

Zu der oben gestellten Aufgabe der Partei, die ihr derzeitiges Wählerpotenzial auf ± 2 Prozentpunkte genau bei einem Sicherheitsgrad von 95 Prozent wissen möchte, ergibt sich die folgende Vorgehensweise bei der Berechnung des Stichprobenumfangs:

Bei der letzten Wahl oder Befragung hatte die Partei einen Anteil von 40 Prozent, von diesem Wert soll auch jetzt ausgegangen werden.

Es geht um eine Wahl zum Bundestag, so dass die Grundgesamtheit, alle Wahlberechtigten, sehr groß ist und auf die Endlichkeitskorrektur auch beim Ziehen ohne Zurücklegen verzichtet werden kann.

Berechnung:

$$n \geq \frac{1{,}96^2 \cdot 0{,}4 \cdot 0{,}6}{0{,}02^2} = \frac{0{,}921984}{0{,}0004} = 2.304{,}96$$

Ergebnis:

Insgesamt müssen 2.305 Wahlberechtigte befragt werden, damit von der Stichprobe mit einer Sicherheitswahrscheinlichkeit von 95 Prozent auf das Wahlverhalten aller Wahlberechtigten auf ± 2 Prozentpunkte genau geschlossen werden kann.

5.4 Fallstudie

Beispiel:

Ein Unternehmen möchte seinen Bekanntheitsgrad mit einem Sicherheitsgrad von 95 % auf ± 5 Prozentpunkte genau erheben. Welcher Stichprobenumfang ist dafür erforderlich?

Ansatz:

Es handelt sich um einen qualitativen Fall, da nach einem Anteil (Prozentsatz) gefragt ist. In die Formel fließt dieser Bekanntheitsgrad P allerdings bereits ein. Falls kein Schätzwert dafür existiert, wird der (statistische) „worst case", eine 50 prozentige Bekanntheit, unterstellt.

Berechnung:

$n \geq$ **Fehler!** $= 384{,}16$

Interpretation:

Wenn die Grundgesamtheit, die hier nicht angegeben ist, so groß ist, dass der Auswahlsatz unter 5 % liegt, wovon man ausgehen kann, müssen 385 Personen in die Befragung einbezogen werden.

Beispiel:

Ein Unternehmen möchte die durchschnittliche Umsatzhöhe seiner Kunden erfragen. Aus einer früheren Erhebung ist bekannt, dass der Durchschnittsumsatz bei 200 € liegt mit einer durchschnittlichen Streuung (Standardabweichung) von 60 €. Der Stichprobenfehler soll ± 5 € und der Sicherheitsgrad 95 % betragen. Das Unternehmen hat 1 Millionen Kunden (Auswahlsatz unter 5 %).

Berechnung:

$n \geq$ **Fehler!** $= 553{,}19$

Interpretation:

Es müssen 554 Personen in die Befragung einbezogen werden.

Zusammenfassung

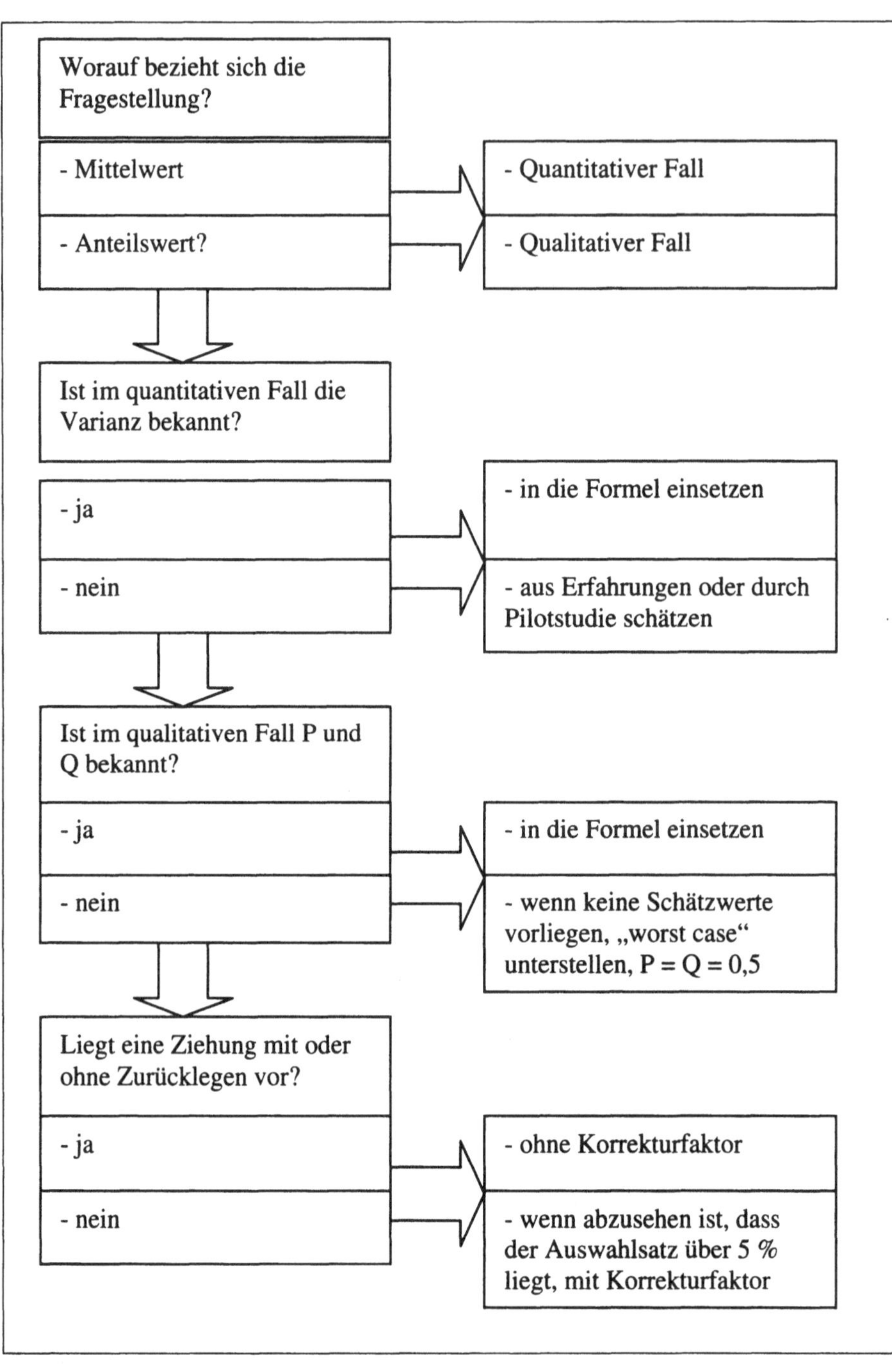

Quantitativer Fall, Mittelwerte	
Ohne Endlichkeitskorrektur	$n \geq \frac{t^2 \cdot \sigma^2}{e^2}$
Mit Endlichkeitskorrektur	$n \geq \frac{t^2 \cdot \sigma^2 \cdot N}{(N-1) \cdot e^2 + t^2 \cdot \sigma^2}$
Qualitativer Fall, Anteilswerte	
Ohne Endlichkeitskorrektur	$n \geq \frac{t^2 \cdot P \cdot Q}{e^2}$
Mit Endlichkeitskorrektur	$n \geq \frac{t^2 \cdot P \cdot Q \cdot N}{(N-1) \cdot e^2 + t^2 \cdot P \cdot Q}$

Fragen

1. Erklären Sie den Begriff des absoluten Stichprobenfehlers.

2. Was versteht man bei der Bestimmung des Stichprobenumfangs unter der Annahme des „worst case"?

3. Welche Probleme treten bei der Berechnung des notwendigen Stichprobenumfangs auf?

Aufgaben

1. Ein Unternehmen plant eine Testaussendung eines Mailings, das eine prognostizierte Rücklaufquote von 2 % erbringen wird. Die Erfolgsquote soll auf ± 0,4 Prozentpunkte genau geschätzt werden. Der Sicherheitsgrad, mit dem das Testergebnis tatsächlich eintreten wird, soll 95 % betragen. Wie groß muss der Stichprobenumfang sein, wenn man von einer sehr großen Grundgesamtheit ausgehen kann?

6 Wahlforschung

Ein Beispiel für die Anwendung der Stichprobenverfahren stellt die Wahlforschung dar, bei der unterschiedliche Vorgehensweisen unterschieden werden.

Wahlumfrage:

Für die „Sonntagsfrage“ („Wen würden Sie wählen, wenn am nächsten Sonntag Wahl wäre?“) wird eine repräsentative Stichprobe von meist 2.000 Wahlberechtigten gezogen und befragt. Diese Analysen werden beispielsweise von den folgenden Forschungsinstituten durchgeführt: TNS Emnid, Forsa, IFD Allensbach, Infratest Dimap, Forschungsgruppe Wahlen.

Die Ergebnisse sind mit Risiken behaftet, denn die Befragten geben an, was sie hypothetisch zu wählen beabsichtigen. Je weiter der Wahltermin entfernt liegt, desto länger ist die Zeit, in der sie sich noch umentscheiden können. Außerdem hat es am Wahlabend schon oft Überraschungen gegeben, weil bei einer Umfrage doch häufig anders geantwortet wird als bei der tatsächlichen Wahl.

Beispiel:

Bei einer Umfrage anlässlich einer Bundestagswahl von 2.000 repräsentativ ausgewählten Wahlberechtigten haben sich 40 Prozent für die Partei A ausgesprochen. Berechnen Sie ein 95-Pozent-Konfidenzintervall für den Anteil der Wähler der Partei A in der Grundgesamtheit.

Wie lautet das Intervall für eine kleine Partei B, die bei der Umfrage auf ein Ergebnis von 3 Prozent kam?

Ansatz:

Partei A: n = 2.000; p = 0,40; t = 1,96

Konfidenzintervall, qualitativer Fall, Repräsentationsschluss, ohne Endlichkeitskorrektur wegen sehr großer Grundgesamtheit

$$p - t \cdot \sqrt{\frac{p \cdot q}{n}} \leq P \leq p + t \cdot \sqrt{\frac{p \cdot q}{n}}$$

Berechnung:

$$0{,}4-1{,}96\cdot\sqrt{\frac{0{,}4\cdot 0{,}6}{2000}}\le P\le 0{,}4+1{,}96\cdot\sqrt{\frac{0{,}4\cdot 0{,}6}{2000}}$$

$$0{,}3785\le P\le 0{,}4215$$

Interpretation:

Der Anteil der Partei A liegt mit einer Sicherheit von 95 % bei allen Wahlberechtigten zwischen 37,85 und 42,15 Prozent.

Ansatz:

Partei B: n = 2.000; p = 0,03; t = 1,96

Konfidenzintervall, qualitativer Fall, Repräsentationsschluss, ohne Endlichkeitskorrektur wegen sehr großer Grundgesamtheit

Berechnung:

$$0{,}03-1{,}96\cdot\sqrt{\frac{0{,}03\cdot 0{,}97}{2000}}\le P\le 0{,}03+1{,}96\cdot\sqrt{\frac{0{,}03\cdot 0{,}97}{2000}}$$

$$0{,}0225\le P\le 0{,}0375$$

Interpretation:

Der Anteil der Partei B liegt mit einer Sicherheit von 95 % bei allen Wahlberechtigten zwischen 2,25 und 3,75 Prozent.

Beispiel:

Wie groß muss der Stichprobenumfang sein, damit mit einer Sicherheitswahrscheinlichkeit von 95 % der Anteil der Partei C auf ± 2 Prozentpunkte genau geschätzt werden kann? Bei der letzten Wahl betrug der Anteil dieser Partei 25 Prozent.

Ansatz:

Stichprobenumfang, qualitativer Fall, ohne Endlichkeitskorrektur

$$n\ge\frac{t^2\cdot P\cdot Q}{e^2}$$

Berechnung:

$$n \geq \frac{1{,}96^2 \cdot 0{,}25 \cdot 0{,}75}{0{,}02^2}$$

$$n \geq 1.800{,}75$$

Interpretation:

Es müssen mindestens 1.801 Wahlberechtigte in die Stichprobe aufgenommen werden, um die Anforderungen zu erfüllen.

Prognose:

Einzelne Wähler werden, wenn sie gewählt haben, gebeten, einen zweiten Stimmzettel auszufüllen. Dabei handelt es sich also nicht um Antworten auf die Frage nach dem beabsichtigten Wahlverhalten, sondern um Angaben der Befragten zu ihren tatsächlich vollzogenen Wahlen. Die Wähler werden schriftlich und anonym befragt, nachdem sie das Wahllokal verlassen haben (exit polls). Die Ergebnisse dieser Stichprobe mit mehr als 20.000 Befragten dürfen am Wahlabend kurz nach 18 Uhr veröffentlicht werden. Durch die größere Stichprobe sind diese Prognosen genauer.

Beispiel:

Wie groß ist das 95-Pozent-Konfidenzintervall für die Partei A, die bei der Prognose auf 40 Prozent kommt?

Ansatz:

Gegenüber der Wahlumfrage ist der Stichprobenumfang nun zehnmal höher, die Breite des Konfidenzintervalls reduziert sich auf etwa ein Drittel ($\sqrt{10}$).

Berechnung:

$$0{,}4 - 1{,}96 \cdot \sqrt{\frac{0{,}4 \cdot 0{,}6}{20000}} \leq P \leq 0{,}4 + 1{,}96 \cdot \sqrt{\frac{0{,}4 \cdot 0{,}6}{20000}}$$

$$0{,}3932 \leq P \leq 0{,}4068$$

Interpretation:

Der Anteil der Partei A liegt mit einer Sicherheit von 95 % bei allen Wahlberechtigten zwischen 39,32 und 40,68 Prozent. Die Breite des Konfidenzintervalls ist von ± 2,15 auf ± 0,68 Prozentpunkte gesunken.

Hochrechnung:

Hochrechnungen stützen sich nicht auf die Angaben von Wählern, sondern auf Auszählungsergebnisse aus ausgewählten Wahlbezirken, die auf die gesamte Bundesrepublik hochgerechnet werden. Je größer die Anzahl der ausgezählten Wahlbezirke ist, desto exakter wird die Vorhersage im Verlauf des Wahlabends.

Wahlanalyse:

Nachdem das vorläufige amtliche Endergebnis durch den Bundeswahlleiter bekannt gegeben wurde, untersuchen die Forschungsinstitute beispielsweise das Wahlverhalten bestimmter Bevölkerungsgruppen und die Wanderungsbewegungen zwischen den Parteien.

Diese Wahlanalysen basieren auf Umfragen vor der Wahl und Wahlnachfragen (exit polls). Diese Datenquellen dienen der Analyse von Wählerwanderungen (von der Partei A zur Partei B) und des Wahlverhaltens von einzelnen Wählergruppen wie Frauen, Männer oder Erstwähler.

7 Hypothesentestverfahren

Lernziel: In diesem Kapitel werden die Methoden der statistischen Hypothesentestverfahren vermittelt. Auf der Basis der Normalverteilung und der Techniken zur Bestimmung von Konfidenzintervallen sollen Sie eine Hypothese über eine Grundgesamtheit durch eine Stichprobe überprüfen können.

7.1 Grundlagen

Hypothesentestverfahren dienen dazu, eine Entscheidung darüber zu treffen, ob eine Hypothese über die Eigenschaft einer Grundgesamtheit angenommen oder abgelehnt wird. Dabei wird überprüft, ob ein Stichprobenergebnis so nah an dem hypothetisch festgelegten Wert der Grundgesamtheit liegt, dass man von **Zufallsabweichungen** ausgehen kann.

Ein Hypothesentest startet also mit einer **Annahme** über eine Grundgesamtheit. Diese Hypothese wird an Hand einer Stichprobe und mit Hilfe der Stichprobenverfahren überprüft, da es im Allgemeinen nicht möglich oder zu aufwändig ist, die Grundgesamtheit in einer Vollerhebung komplett zu überprüfen.

Beispiel:

Ein Marktforschungsinstitut vermutet (und stellt die Hypothese auf), dass in einem bestimmten Bundesland die **Konsumausgaben** 1.000 € pro Kopf betragen.

Es ist nicht möglich, diese Hypothese durch eine Vollerhebung zu überprüfen und alle Einwohner des Landes nach ihren Konsumausgaben zu fragen; diese Hypothese lässt sich nur durch eine **Stichprobe** überprüfen. Diese Stichprobe entspricht einem Zufallsexperiment; es ist also nicht zu erwarten, dass sie genau zu einem Ergebnis von 1.000 € führt. Man kann jedoch ein Konfidenzintervall berechnen, in das mit einer vorgegebenen Wahrscheinlichkeit (im Allgemeinen 95 %) der Mittelwert der Stichprobe fallen muss, wenn die Hypothese richtig ist.

Angenommen das **Konfidenzintervall** erstrecke sich von 970 bis 1.030 €. Wenn der Mittelwert $\overline{x}$ einer repräsentativen Stichprobe nun einen Wert von 980 € Konsumausgaben ergibt, liegt der Wert in dem Intervall. Man kann dann davon ausgehen, dass die Abweichung von dem hypothetisch festgelegten Wert der

Grundgesamtheit (1.000 €) im Zufallsbereich liegt und die Hypothese angenommen werden kann.

Falls in der Stichprobe ein Mittelwert errechnet wird, der nicht in dem Konfidenzintervall liegt, wird die Hypothese als falsch abgelehnt.

7.2 Grundbegriffe der Hypothesentestverfahren

Es lassen sich zahlreiche Arten von Tests in der induktiven Statistik unterscheiden:

1. Hypothesen über die Parameter einer Grundgesamtheit, wie Mittelwerte (μ), Anteilswerte (P) oder Varianzen (σ^2) ⇒ **Parametertests**

2. Hypothesen über bestimmte Verteilungsannahmen der Grundgesamtheit, beispielsweise Normalverteilung oder Gleichverteilung ⇒ **Anpassungstests**

3. Hypothesen über die Abhängigkeit bzw. Unabhängigkeit zwischen zwei Merkmalen in der Grundgesamtheit ⇒ **Unabhängigkeitstests**

Die aufgestellte und zu prüfende Hypothese wird als Nullhypothese H_0 bezeichnet. Für den Fall, dass die Nullhypothese abgelehnt werden muss, wird die Alternativhypothese H_1 angenommen.

Nullhypothese H_0:

Bei der Nullhypothese (H Null) steht das Symbol H für „Hypothese"; der tiefgestellte Index Null bedeutet „keine Differenz". Das bedeutet, die Differenz zwischen dem in der Hypothese festgelegten Wert der Grundgesamtheit und dem empirisch ermittelten Wert der Stichprobe ist nicht signifikant und durch den Einfluss des **Zufalls** des Stichprobenverfahrens zu erklären.

Alternativhypothese H_1:

Die Alternativhypothese (H Eins) beschreibt, welche Schlussfolgerung gezogen wird, wenn die Nullhypothese abgelehnt werden muss. Das Stichprobenergebnis weicht so stark von dem in der Nullhypothese definierten Wert ab, dass dieser als falsch abgelehnt wird. Das bedeutet, die Differenz zwischen dem in der Hypothese festgelegten Wert der Grundgesamtheit und dem empirisch ermittelten Wert der Stichprobe ist **nicht allein** durch den Einfluss des Zufalls des Stichprobenverfahrens zu erklären.

In dem Test werden Grenzen eines Intervalls festgelegt, in denen ein Stichprobenergebnis bei Gültigkeit der Nullhypothese mit vorgegebener Sicherheitswahrscheinlichkeit zu erwarten ist. Innerhalb dieses Intervalls wird die Abweichung zwischen hypothetisch festgelegtem Wert der Grundgesamtheit und empirischem Wert der Stichprobe als zufällig angesehen.

Das Intervall innerhalb dieser Grenzen stellt den **Annahmebereich** der Nullhypothese dar. Der Bereich außerhalb des Intervalls ist der **Ablehnungsbereich** der Nullhypothese und damit gleichzeitig der Annahmebereich der Alternativhypothese.

Die Grenzen zwischen dem Annahme- und Ablehnungsbereich werden durch die Wahl des Sicherheitsgrades festgelegt. Bei dem in der Praxis üblichen Sicherheitsgrad von 95 % beträgt t ± 1,96. Das Stichprobenergebnis wird in einen t-Wert umgewandelt, der dann darauf überprüft wird, ob er in den Annahme- oder Ablehnungsbereich fällt.

In der Abbildung 13 ist der Annahme- und Ablehnungsbereich der Nullhypothese bei einer zweiseitigen Fragestellung erkennbar. **Zweiseitiger Test** bedeutet, dass die Nullhypothese sowohl dann abgelehnt wird, wenn das Stichprobenergebnis deutlich niedriger ist als der hypothetisch festgelegte Wert der Grundgesamtheit, als auch dann, wenn er deutlich größer ist. In der Abbildung gibt es auf beiden Seiten der Normalverteilung einen Ablehnungsbereich.

Bei einer **einseitigen** Fragestellung existiert der Ablehnungsbereich nur auf einer Seite.

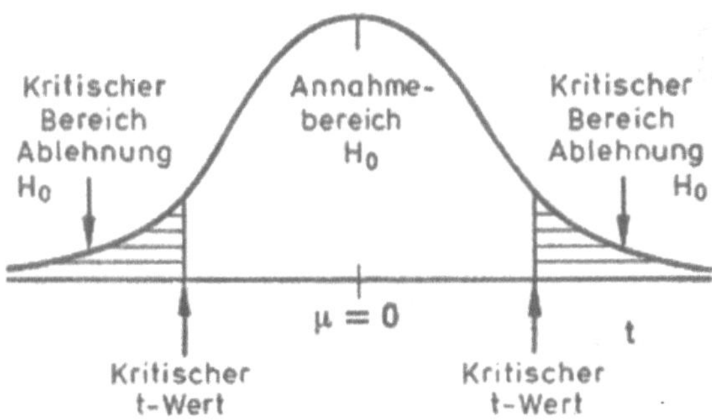

Abbildung 13: Annahme- und Ablehnungsbereich der Nullhypothese

Wie bei allen statistischen Untersuchungen müssen **systematische Fehler** vermieden werden; dazu zählen beispielsweise nicht repräsentative Stichproben, fehlerhafte Berechnungen oder unklare bzw. suggestive Fragestellungen.

Auch wenn alle systematischen Fehler vermieden wurden, bleibt bei Hypothesentestverfahren ein Rest an Risiko, einen falschen Schluss zu ziehen. Aussagen über die Annahme oder Ablehnung der Nullhypothese können nicht mit einhundertprozentiger Sicherheit sondern nur mit einem vorgegebenen Sicherheitsgrad, beispielsweise 95 %, getroffen werden.

Zwei Arten von **statistischen Fehlern** sind zu unterscheiden:

1. **Fehler 1. Art**, α-Fehler, falsche Ablehnung der Nullhypothese

Die Nullhypothese wird abgelehnt, obwohl sie nach den Verhältnissen der Grundgesamtheit hätte angenommen werden müssen. Es kam zufällig ein Stichprobenergebnis zu Stande, das außerhalb des Annahmebereiches der Nullhypothese liegt, obwohl die Ziehung der Stichprobe keinen systematischen Fehler aufweist. Eine andere oder größere Stichprobe hätte zu einer Annahme der Nullhypothese geführt.

Die Wahrscheinlichkeit für einen α-Fehler wird durch die Wahl des Sicherheitsgrades bestimmt. Bei einem Sicherheitsgrad von 95 % ist die Wahrscheinlichkeit, einen α-Fehler zu begehen $\alpha = 1 - 0{,}95 = 0{,}05$, also 5 %.

2. **Fehler 2. Art**, β-Fehler, falsche Annahme der Nullhypothese

Kommt man zu der Entscheidung, die Nullhypothese anzunehmen, obwohl in der Grundgesamtheit diese Hypothese nicht zutrifft, begeht man mit dieser falschen Entscheidung einen Fehler 2. Art.

Die Größe des β-Fehlers lässt sich nicht so einfach ablesen wie die des α-Fehler; auf die Berechnung soll hier nicht eingegangen werden.

Die vier Möglichkeiten für die in der Realität vorliegende Bewertung der Nullhypothese (in den Spalten) und die Entscheidung auf der Basis des Tests (in den Zeilen) zeigt die Übersicht.

	H_0 ist richtig	H_0 ist falsch
Annahme H_0	Richtige Entscheidung	Fehler 2. Art β-Fehler
Ablehnung H_0	Fehler 1. Art α-Fehler	Richtige Entscheidung

Abbildung 14: Fehler 1. und 2. Art

Bei jedem Test versucht man, die Wahrscheinlichkeiten für die beiden Fehler möglichst gering zu halten. Sie stehen jedoch in einem **Gegensatzverhältnis** zueinander. Die Verminderung der Wahrscheinlichkeit für den einen Fehler führt zwangsläufig dazu, dass sich die für den anderen erhöht.

In der Praxis wird meist ein Sicherheitsgrad von 95 % unterstellt, bei sehr großen Stichproben kann er auch auf 99 % erhöht werden.

7.3 Schritte eines Hypothesentestverfahrens

Jedes Hypothesentestverfahren kann nach einem bestimmten Schema durchgeführt werden. Ein einfaches Schema, das für die hier dargestellten Testverfahren angewandt werden kann, ist das Fünf-Schritte-Schema.

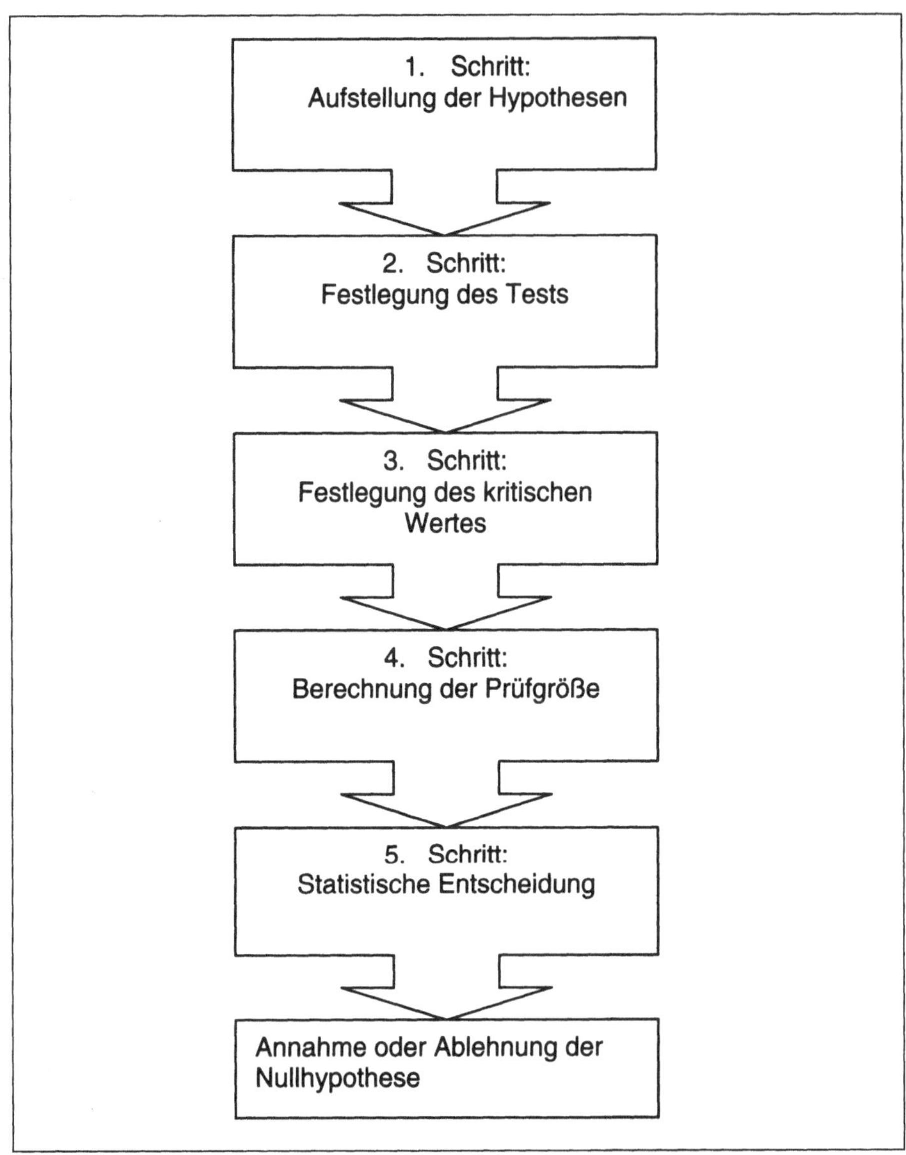

Abbildung 15: Fünf-Schritte-Schema eines Hypothesentestverfahrens

1. Schritt: Aufstellung der Hypothesen

Die Null- und Alternativhypothesen werden aufgestellt.

2. Schritt: Festlegung des Tests

Aus dem Angebot der zahlreichen Test, von denen hier nur eine kleine Auswahl behandelt wird, entscheidet man sich im zweiten Schritt für den geeigneten.

3. Schritt: Festlegung des kritischen Wertes

Bei den Parametertests kann nach dem zentralen Grenzwertsatz die Normalverteilung zur Festlegung des kritischen Wertes unterstellt werden.

4. Schritt: Berechnung der Prüfgröße

Aus den Daten der Stichprobe wird die Prüfgröße berechnet.

5. Schritt: Statistische Entscheidung

Im letzten Schritt wird die Prüfgröße mit dem kritischen Wert verglichen. Wenn die Prüfgröße größer als der kritische Wert ist, liegt sie im Ablehnungsbereich der Nullhypothese. Wenn die Prüfgröße kleiner ist, wird die Nullhypothese angenommen.

7.4 Tests von Hypothesen über Mittelwerte

Der Test einer Hypothese über den Mittelwert einer Grundgesamtheit zählt zu den **Parametertests**. Der Mittelwert der Grundgesamtheit μ wird in der Nullhypothese festgelegt und es wird geprüft, ob der Mittelwert der Stichprobe $\bar{x}$ innerhalb des Konfidenzintervalls (Annahmebereich der Nullhypothese) um diesen hypothetisch festgelegten Wert liegt.

Nach dem zentralen Grenzwertsatz der Wahrscheinlichkeitsrechnung (siehe Kapitel 4.2) kann die **Normalverteilung** unterstellt werden.

Die Lösung erfolgt über die Formel für das Konfidenzintervall für den quantitativen Fall und den Inklusionsschluss.

$$\mu - t \cdot \sqrt{\frac{\sigma^2}{n}} \leq \bar{x} \leq \mu + t \cdot \sqrt{\frac{\sigma^2}{n}}$$

Die Entscheidung wird über den t-Wert getroffen, so dass die Formel nach t aufzulösen ist.

$$t = \frac{\left|\bar{x} - \mu\right|}{\sqrt{\frac{\sigma^2}{n}}}$$

Wenn die Standardabweichung der Grundgesamtheit σ nicht bekannt ist, kann auf die Standardabweichung der Stichprobe s zurückgegriffen werden.

$$t = \frac{\left|\bar{x} - \mu\right|}{\sqrt{\frac{s^2}{n}}}$$

Beispiel:

Ein Unternehmen wirbt damit, dass seine durchschnittliche Lieferzeit 6 Tage beträgt bei einer Standardabweichung von einem Tag. Nachdem sich einige Kunden beschwert haben, wird eine Kundenzufriedenheitsanalyse bei 800 Kunden durchgeführt, dabei stellt sich eine durchschnittliche Lieferzeit von 6,5 Tagen heraus.

Kann mit $\alpha = 0{,}05$ darauf geschlossen werden, dass die Aussage von der sechstägigen Lieferzeit abgelehnt werden muss?

Ansatz:

Es handelt sich um einen quantitativen Parametertest; es geht um einen Mittelwert. Die Normalverteilung kann nach dem zentralen Grenzwertsatz unterstellt werden.

Fünf-Schritte-Schema:

1. Schritt: Aufstellung der Hypothesen

H_0: $\mu = 6$ Die durchschnittliche Lieferzeit beträgt 6 Tage.

H_1: $\mu \neq 6$ Die durchschnittliche Lieferzeit beträgt <u>nicht</u> 6 Tage.

2. Schritt: Festlegung des Tests

$$t = \frac{\left|\bar{x} - \mu\right|}{\sqrt{\frac{\sigma^2}{n}}}$$

3. Schritt: Festlegung des kritischen Wertes

Bei einem α-Fehler von 5 %, also einem Sicherheitsgrad von 95 %, gilt nach der Normalverteilung ein Wert von t = 1,96

$t_{krit} = 1{,}96$

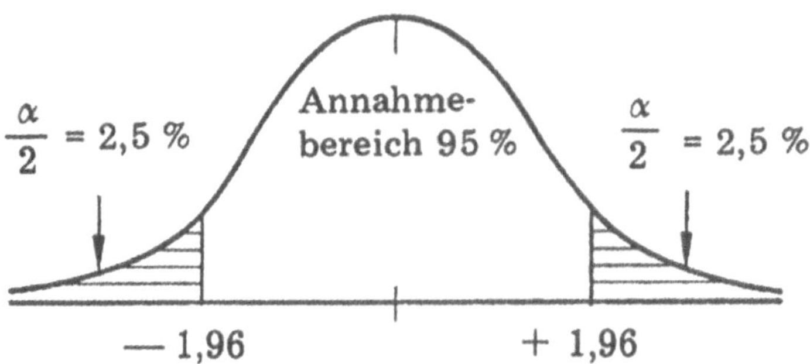

Abbildung 16: Bestimmung des kritischen Wertes

4. Schritt: Berechnung der Prüfgröße

In der Stichprobe vom Umfang n = 800 wurde ein arithmetisches Mittel von $\bar{x} = 6{,}5$ gemessen, das arithmetische Mittel der Grundgesamtheit wurde hypothetisch mit $\mu = 6$ festgelegt. Die Standardabweichung beträgt $\sigma = 1$.

Wenn die Nullhypothese richtig ist, ist die Abweichung von 0,5 auf den Einfluss des Zufalls des Stichprobenverfahrens zurückzuführen. Das heißt, die Abweichung ist so geringfügig, dass der Stichprobenmittelwert in das Konfidenzintervall, also in den Annahmebereich der Nullhypothese, fällt.

$$t = \frac{|6{,}5 - 6|}{\sqrt{\frac{1^2}{800}}} = 14{,}1421$$

5. Schritt: Statistische Entscheidung

Der berechnete t-Wert ist mit 14,14 deutlich größer als der kritische Wert $t_{krit} = 1{,}96$. Das heißt, der Stichprobenmittelwert $\bar{x} = 6{,}5$ liegt nicht in dem Konfidenzintervall um den Wert von $\mu = 6$.

Die Nullhypothese muss also abgelehnt werden. Die durchschnittliche Lieferzeit ist nicht 6 Tage!

7.5 Tests von Hypothesen über Anteilswerte

Wenn ein Anteil, ein Prozentsatz, überprüft werden soll, der in einer Hypothese über eine Grundgesamtheit festgelegt wurde, wird von der Formel für das qualitative Konfidenzintervall für den Inklusionsschluss ausgegangen.

$$P - t \cdot \sqrt{\frac{P \cdot Q}{n}} \leq p \leq P + t \cdot \sqrt{\frac{P \cdot Q}{n}}$$

Auch hier wird die Formel nach t aufgelöst.

$$t = \frac{|p - P|}{\sqrt{\frac{P \cdot Q}{n}}}$$

Beispiel:

Ein Hersteller von Markenartikeln ist bisher davon ausgegangen, dass er einen Bekanntheitsgrad von 30 % hat. Mit einer Werbeaktion sollte der Bekanntheitsgrad verbessert werden. In einer Marktforschungsstudie mit 1000 Interviewten geben 320 an, den Namen des Markenartikelherstellers zu kennen.

Kann man mit einer Irrtumswahrscheinlichkeit von $\alpha = 5$ % davon ausgehen, dass der Bekanntheitsgrad gesteigert wurde?

Ansatz:

Da nach einem Anteil gefragt ist, wird nach der Formel für den qualitativen Fall vorgegangen. Die Fragestellung macht deutlich, dass es sich um eine einseitige Fragestellung handelt („gesteigert").

Fünf-Schritte-Schema:

1. Schritt: Aufstellung der Hypothesen

H_0: P = 0,3 Der Bekanntheitsgrad beträgt 30 %.

H_1: P > 0,3 Der Bekanntheitsgrad größer als 30 %.

2. Schritt: Festlegung des Tests

$$t = \frac{|p - P|}{\sqrt{\frac{P \cdot Q}{n}}}$$

3. Schritt: Festlegung des kritischen Wertes

Die Wahrscheinlichkeit für einen α-Fehler (Irrtumswahrscheinlichkeit) ist 5 %, der Sicherheitsgrad ist 95 %.

Es handelt sich jedoch um eine einseitige Fragestellung. Die Nullhypothese wird nur dann abgelehnt und die Alternativhypothese angenommen, wenn der in der Stichprobe gemessene Anteil p deutlich größer ist als 0,3 (30 %). Wenn p kleiner ist als 0,3 führt dies natürlich nicht zur Annahme von H_1.

Der Ablehnungsbereich von 5 % der Nullhypothese liegt nur auf einer Seite der Gauß´schen Normalverteilung. Gesucht ist der t-Wert für 45 % aus der Tabelle.

$t_{krit} = 1{,}645$

4. Schritt: Berechnung der Prüfgröße

In der Stichprobe vom Umfang n = 1000 kennen 320 Befragte den Markenartikelhersteller; somit ist p = 0,32

Wenn die Nullhypothese richtig ist, ist die Abweichung von 2 Prozentpunkten auf den Einfluss des Zufalls des Stichprobenverfahrens zurückzuführen. Die Abweichung ist so klein, dass der Stichprobenmittelwert in den Annahmebereich der Nullhypothese fällt.

$$t = \frac{|0{,}32 - 0{,}30|}{\sqrt{\frac{0{,}3 \cdot 0{,}7}{1000}}} = 1{,}3801$$

5. Schritt: Statistische Entscheidung

Der berechnete t-Wert ist mit 1,38 kleiner als der kritische Wert; der Stichprobenmittelwert p = 32 % liegt in dem Konfidenzintervall um den Wert von P = 30 %.

Die Nullhypothese wird angenommen. Der Bekanntheitsgrad ist 30 %!

7.6 Tests von Hypothesen über Differenzen zwischen Mittelwerten

Die Fragestellung bei Hypothesentestverfahren über Differenzen zwischen Mittelwerten bezieht sich darauf, ob aus den Unterschieden zwischen den arithmetischen Mitteln zweier Stichproben darauf geschlossen werden kann, dass sich auch die Mittelwerte der Grundgesamtheit unterscheiden.

Die Prüfgröße lautet:

$$t = \frac{\left|\bar{x}_A - \bar{x}_B\right|}{\sqrt{\frac{s_A^2}{n_A} + \frac{s_B^2}{n_B}}}$$

Beispiel:

Bei einem Hersteller von Telefonen werden Akkumulatoren von zwei Vorlieferanten eingesetzt. Man geht davon aus, dass beide die gleiche Kapazität haben und eine durchschnittliche Gesprächszeit von 20 Stunden erlauben bevor sie aufgeladen werden müssen. Nach Beschwerden von Kunden werden jeweils 30 Akkus der beiden Hersteller getestet.

Die Akkus des Herstellers 1 sind nach durchschnittlich 22 Stunden leer bei einer Standardabweichung von 1,4 Stunden. Für die Akkus des Herstellers 2 ergeben sich ein arithmetisches Mittel von 20,5 Stunden und eine Standardabweichung von 1 Stunde. Kann aus den Unterschieden in den beiden Stichproben mit 95 prozentiger Sicherheit darauf geschlossen werden, dass zwischen den Kapazitäten ein signifikanter Unterschied besteht oder liegen diese im Bereich des Zufalls?

Ansatz:

Es handelt sich um einen Hypothesentest über die Differenzen zwischen Mittelwerten.

Fünf-Schritte-Schema:

1. Schritt: Aufstellung der Hypothesen

H_0: $\mu_1 = \mu_2$ Die Mittelwerte der Grundgesamtheiten sind gleich.

H_1: $\mu_1 \neq \mu_2$ Die Mittelwerte der Grundgesamtheiten sind ungleich.

2. Schritt: Festlegung des Tests

$$t = \frac{\left|\bar{x}_A - \bar{x}_B\right|}{\sqrt{\frac{s_A^2}{n_A} + \frac{s_B^2}{n_B}}}$$

3. Schritt: Festlegung des kritischen Wertes

Es handelt sich um einen zweiseitigen Test mit einem Sicherheitsgrad von 95 %.

$t_{krit} = 1{,}96$

4. Schritt: Berechnung der Prüfgröße

$$t = \frac{\left|22 - 20{,}5\right|}{\sqrt{\frac{1{,}4^2}{30} + \frac{1^2}{30}}} = 4{,}7754$$

5. Schritt: Statistische Entscheidung

Der berechnete t-Wert ist größer als der kritische Wert.

Die Nullhypothese wird abgelehnt; der Unterschied ist zu groß, um nur durch den Zufall erklärt werden zu können. Die Mittelwerte der Grundgesamtheiten sind nicht gleich!

7.7 Fallstudie

Bei einem Vergleichstest eines neutralen Testinstituts ergaben sich für den Benzinverbrauch von zwei verschiedenen Automodellen bei jeweils sechs getesteten Fahrzeugen die folgenden Werte (Liter pro 100 km):

Automodell A	10,0	10,5	10,2	10,8	10,2	10,1
Automodell B	10,2	11,2	10,6	10,2	10,5	10,3

Aufgabe 1:

Der Hersteller des Modells B wirbt mit einem durchschnittlichen Benzinverbrauch von 10,3 Litern pro 100 Kilometer. Das Testinstitut behauptet auf Grund der

Testergebnisse, dass der Benzinverbrauch höher als 10,3 Liter ist. Wer hat Recht, wenn man mit einem Sicherheitsgrad von 95 % testet.

Aufgabe 2:

Testen Sie die Hypothese, dass der Benzinverbrauch der beiden Modell gleich ist, mit 95 % Sicherheitsgrad.

Ansatz:

Die erste Frage betrifft einen einseitigen Hypothesentest zu einem Mittelwert (quantitativer Fall).

Bei der zweiten Frage soll eine Hypothese über die Differenz zwischen Mittelwerten getestet werden.

Die Standardabweichungen der Grundgesamtheiten σ sind nicht gegeben, stattdessen wird auf die Streuung der Stichproben s zurückgegriffen.

Berechnung:

Zunächst müssen die arithmetischen Mittel und Standardabweichungen der beiden Stichproben berechnet werden.

Automodell A:

$$\overline{x_A} = \frac{61{,}8}{6} = 10{,}3$$

$$s_A = \sqrt{\frac{0{,}3^2 + 0{,}2^2 + 0{,}1^2 + 0{,}5^2 + 0{,}1^2 + 0{,}2^2}{6}} = 0{,}2708$$

Automodell B:

$$\overline{x}_B = \frac{63}{6} = 10{,}5$$

$$s_A = \sqrt{\frac{0{,}3^2 + 0{,}7^2 + 0{,}1^2 + 0{,}3^2 + 0^2 + 0{,}2^2}{6}} = 0{,}3464$$

Aufgabe 1:

1. Schritt: Aufstellung der Hypothesen

H_0: $\mu = 10{,}3$

H_1: $\mu > 10{,}3$

2. Schritt: Festlegung des Tests

$$t = \frac{|\bar{x} - \mu|}{\sqrt{\frac{s^2}{n}}}$$

3. Schritt: Festlegung des kritischen Wertes

Es handelt sich um einen einseitigen Test.

$t_{krit} = 1{,}645$

4. Schritt: Berechnung der Prüfgröße

$$t = \frac{|10{,}5 - 10{,}3|}{\sqrt{\frac{0{,}3464^2}{6}}} = 1{,}4142$$

5. Schritt: Statistische Entscheidung

Der berechnete t-Wert ist kleiner als der kritische Wert.

Die Nullhypothese wird angenommen. Der durchschnittliche Benzinverbrauch ist 10,3 Liter pro 100 km!

Aufgabe 2:

1. Schritt: Aufstellung der Hypothesen

H_0: $\mu_1 = \mu_2$

H_1: $\mu_1 \neq \mu_2$

2. Schritt: Festlegung des Tests

$$t = \frac{\left|\bar{x}_A - \bar{x}_B\right|}{\sqrt{\frac{s_A^{\;2}}{n_A} + \frac{s_B^{\;2}}{n_B}}}$$

3. Schritt: Festlegung des kritischen Wertes

Es handelt sich um einen zweiseitigen Test.

$t_{krit} = 1{,}96$

4. Schritt: Berechnung der Prüfgröße

$$t = \frac{\left|10{,}3 - 10{,}5\right|}{\sqrt{\frac{0{,}0733}{6} + \frac{0{,}12}{6}}} = 1{,}1142$$

5. Schritt: Statistische Entscheidung

Der berechnete t-Wert ist kleiner als der kritische Wert.

Die Nullhypothese wird angenommen. Der durchschnittliche Benzinverbrauch der beiden Modelle ist gleich!

Zusammenfassung

Fünf-Schritte-Schema:

1. Schritt: Aufstellung der Hypothesen
2. Schritt: Festlegung des Tests
3. Schritt: Festlegung des kritischen Wertes
4. Schritt: Berechnung der Prüfgröße
5. Schritt: Statistische Entscheidung

Test von Mittelwerten

Bekannte Varianz der Grundgesamtheit	$t = \dfrac{\lvert \bar{x} - \mu \rvert}{\sqrt{\dfrac{\sigma^2}{n}}}$
Bekannte Varianz der Stichprobe	$t = \dfrac{\lvert \bar{x} - \mu \rvert}{\sqrt{\dfrac{s^2}{n}}}$

Test von Anteilswerten

$$t = \frac{\lvert p - P \rvert}{\sqrt{\dfrac{P \cdot Q}{n}}}$$

Test von Differenzen zwischen Mittelwerten

$$t = \frac{\lvert \bar{x}_A - \bar{x}_B \rvert}{\sqrt{\dfrac{s_A^2}{n_A} + \dfrac{s_B^2}{n_B}}}$$

Fragen

1. Was versteht man unter dem Fehler 1. Art bei einem Hypothesentestverfahren und wie kann man diesen beeinflussen?
2. Wie lautet allgemein die Alternativhypothese?

Aufgaben

1. Ein Telekommunikationsunternehmen geht davon aus, dass der Zeitraum für die Prüfung eines Antrags auf Freischaltung eines Handy-Vertrags 6 Stunden beträgt. Die Varianz ist dabei 1,44 Stunden^2.

   Durch das Weihnachtsgeschäft und eine stark gestiegene Anzahl von Anträgen befürchtet man, dass sich diese Zeit erhöht hat.

   Ein Test bei 150 Anträgen führte zu einer durchschnittlichen Zeit für die Freischaltung von 400 Minuten.

   Kann man daraus mit einer Sicherheit von 95 % schließen, dass sich die Bearbeitungszeit erhöht hat?

Tabelle der Standardnormalverteilung

Tabelle 1:

Gilt für t-Werte von -3,9 bis 0,0; dies entspricht den ersten 50 % der Fläche der Normalverteilung, also der linken Hälfte der Fläche.

Lesebeispiel: Bei x = 5 und μ = 6 und σ = 0,5 ist t = -2

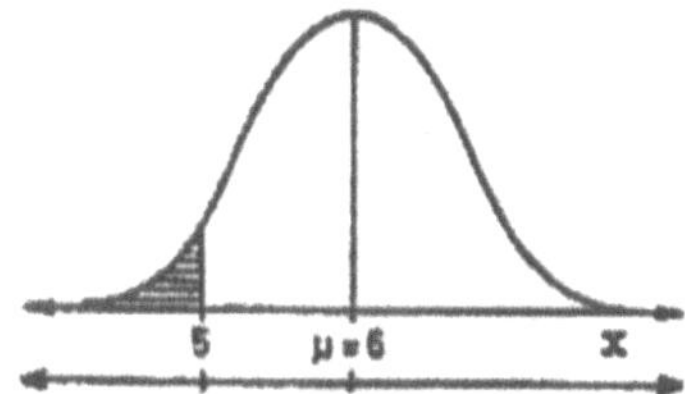

t = -2 **t**

Siehe Tabelle 1: Der Flächenanteil ist 0,0228.

Tabelle 2:

Gilt für t-Werte von 0,0 bis +3,9; dies entspricht den zweiten 50 % der Fläche der Normalverteilung, also der rechten Hälfte der Fläche.

Soll die Fläche von minus unendlich bis oberhalb des Mittelwertes, also den positiven t-Bereich, bestimmt werden, so ist 0,5 hinzuzufügen.

Lesebeispiel: Bei x = 7 und μ = 6 und σ = 0,5 ist t = +2

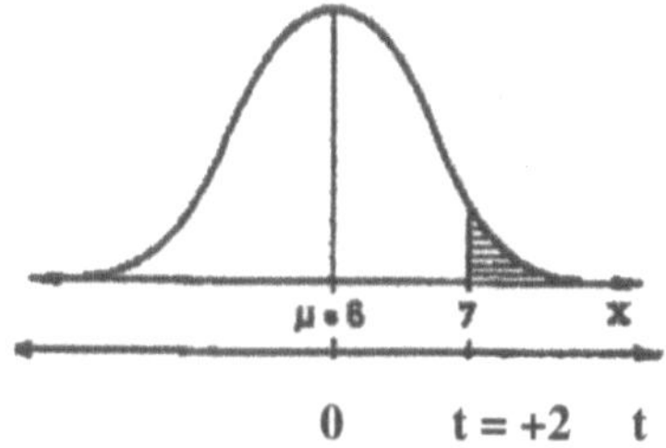

Siehe Tabelle 2: Der Flächenanteil ist 0,4772; dies gilt für die Fläche von 0 bis 2.

Berechnung: 1 – (0,5 + 0,4772) = 0,0228.

Tabelle 1:

t	.00	.01	.02	.03	.04	.05	.06	.07	.08	.09
-0.0	.5000	.4960	.4920	.4880	.4840	.4801	.4761	.4721	.4681	.4641
-0.1	.4602	.4562	.4522	.4483	.4443	.4404	.4364	.4325	.4286	.4247
-0.2	.4207	.4168	.4129	.4090	.4052	.4013	.3974	.3936	.3897	.3859
-0.3	.3821	.3783	.3745	.3707	.3669	.3632	.3594	.3557	.3520	.3483
-0.4	.3446	.3409	.3372	.3336	.3300	.3264	.3228	.3192	.3156	.3121
-0.5	.3085	.3050	.3015	.2981	.2946	.2912	.2877	.2843	.2810	.2776
-0.6	.2743	.2709	.2676	.2643	.2611	.2578	.2546	.2514	.2483	.2451
-0.7	.2420	.2389	.2358	.2327	.2296	.2266	.2236	.2206	.2177	.2148
-0.8	.2119	.2090	.2061	.2033	.2005	.1977	.1949	.1922	.1894	.1867
-0.9	.1841	.1814	.1788	.1762	.1736	.1711	.1685	.1660	.1635	.1611
-1.0	.1587	.1562	.1539	.1515	.1492	.1469	.1446	.1423	.1401	.1379
-1.1	.1357	.1335	.1314	.1292	.1271	.1251	.1230	.1210	.1190	.1170
-1.2	.1151	.1131	.1112	.1093	.1075	.1056	.1038	.1020	.1003	.0985
-1.3	.0968	.0951	.0934	.0918	.0901	.0885	.0869	.0853	.0838	.0823
-1.4	.0808	.0793	.0778	.0764	.0749	.0735	.0721	.0708	.0694	.0681
-1.5	.0668	.0655	.0643	.0630	.0618	.0606	.0594	.0582	.0571	.0559
-1.6	.0548	.0537	.0526	.0516	.0505	.0495	.0485	.0475	.0465	.0455
-1.7	.0446	.0436	.0427	.0418	.0409	.0401	.0392	.0384	.0375	.0367
-1.8	.0359	.0351	.0344	.0336	.0329	.0322	.0314	.0307	.0301	.0294
-1.9	.0287	.0281	.0274	.0268	.0262	.0256	.0250	.0244	.0239	.0233
-2.0	.0228	.0222	.0217	.0212	.0207	.0202	.0197	.0192	.0188	.0183
-2.1	.0179	.0174	.0170	.0166	.0162	.0158	.0154	.0150	.0146	.0143
-2.2	.0139	.0136	.01 32	.0129	.0125	.0122	.01 19	.0116	.0113	.0110
-2.3	.0107	.0104	.0102	.0099	.0096	.0094	.0091	.0089	.0087	.0084
-2.4	.0082	.0080	.0078	.0075	.0073	.0071	.0069	.0068	.0066	.0064
-2.5	.0062	.0060	.0059	.0057	.0055	.0054	.0052	.0051	.0049	.0048
-2.6	.0047	.0045	.0044	.0043	.0041	.0040	.0039	.0038	.0037	.0036
-2.7	.0035	.0034	.0033	.0032	.0031	.0030	.0029	.0028	.0027	.0026
-2.8	.0026	.0025	.0024	.0023	.0023	.0022	.0021	.0021	.0020	.0019
-2.9	.0019	.0018	.0018	.0017	.0016	.0016	.0015	.0015	.0014	.0014
-3.0	.0014	.0013	.0013	.0012	.0012	.0011	.0011	.0011	.0010	.0010
-3.1	.0010	.0009	.0009	.0009	.0008	.0008	.0008	.0008	.0007	.0007
-3.2	.0007	.0007	.0006	.0006	.0006	.0006	.0006	.0005	.0005	.0005
-3.3	.0005	.0005	.0005	.0004	.0004	.0004	.0004	.0004	.0004	.0003
-3.4	.0003	.0003	.0003	.0003	.0003	.0003	.0003	.0003	.0003	.0002
-3.5	.0002	.0002	.0002	.0002	.0002	.0002	.0002	.0002	.0002	.0002
-3.6	.0002	.0002	.0001	.0001	.0001	.0001	.0001	.0001	.0001	.0001
-3.7	.0001	.0001	.0001	.000 1	.0001	.0001	.0001	.0001	.000 1	.0001
-3.8	.0001	.000 1	.0001	.0001	.0001	.0001	.0001	.0001	.0001	.0001
-3.9	.0000	.0000	.0000	.0000	.0000	.0000	.0000	.0000	.0000	.0000

Tabelle 2:

t	.00	.01	.02	.03	.04	.05	.06	.07	.08	.09
0.0	.0000	.0040	.0080	.0120	.0160	.0199	.0239	.0279	.0319	.0359
0.1	.0398	.0438	.0478	.0517	.0557	.0596	.0636	.0675	.0714	.0753
0.2	.0793	.0832	.0871	,0910	.0948	,0987	.1026	.1064	.1103	.1141
0.3	.1179	.1217	.1255	.1293	.1331	.1368	.1406	.1443	.1480	.1517
0.4	.1554	.1591	,1628	.1664	.1700	.1736	.1772	.1808	.1844	.1879
0.5	.1915	.1950	.1985	.2019	.2054	.2088	.2123	.2157	.2190	.2224
0.6	.2257	.2291	.2324	.2357	.2389	.2422	.2454	.2486	.2517	.2549
0.7	.2580	.2611	.2642	.2673	.2704	.2734	.2764	2794	.2823	.2852
0.8	.2881	.2910	.2939	.2967	.2995	.3023	.3051	.3078	.3106	.3133
0.9	.3159	.3186	.3212	.3238	.3264	,3289	.3315	.3340	.3365	.3389
1.0	.3413	.3438	.3461	.3485	.3508	.3531	.3554	.3577	.3599	.3621
1.1	.3643	.3665	.3686	.3708	.3729	.3749	.3770	,3790	.3810	.3830
1.2	.3849	.3869	.3888	.3907	.3925	.3944	.3962	.3980	.3997	.4015
1.3	.4032	.4049	.4066	.4082	.4099	.4115	.4131	.4147	.4162	.4177
1.4	.4192	.4207	.4222	.4236	.4251	.4265	.4279	.4292	.4306	.4319
1.5	.4332	.4345	.4357	.4370	.4382	.4394	.4406	.4418	.4429	.4441
1.6	.4452	.4463	.4474	.4484	.4495	.4505	.4515	.4525	.4535	.4545
1.7	.4554	.4564	.4573	.4582	.4591	.4599	.4608	,4616	.4625	.4633
1.8	.4641	.4649	,4656	.4664	.4671	.4678	.4686	.4693	.4699	,4706
1.9	.4713	.4719	.4726	.4732	.4738	,4744	.4750	.4756	.4761	.4767
2.0	.4772	.4778	.4783	.4788	.4793	.4798	.4803	,4808	.4812	.4817
2.1	.4821	.4826	.4830	.4834	.4838	.4842	.4846	.4850	.4854	.4857
2.2	.4861	.4864	.4868	.4871	.4875	.4878	.4881	.4884	.4887	.4890
2,3	.4893	.4896	.4898	.4901	.4904	.4906	.4909	.4911	.4913	.4916
2.4	.4918	.4920	.4922	.4925	.4927	.4929	.4931	.4932	.4934	.4936
2.5	.4938	.4940	.4941	.4943	.4945	.4946	.4948	.4949	.4951	.4952
2.6	.4953	.4955	.4956	.4957	.4959	.4960	.4961	.4962	.4963	.4964
2.7	.4965	.4966	.4967	.4968	.4969	.4970	.4971	.4972	.4973	.4974
2.8	.4974	.4975	.4976	.4977	.4977	.4978	.4979	.4979	.4980	.4981
2.9	.4981	.4982	.4982	.4983	.4984	.4984	.4985	.4985	.4986	.4986
3.0	.4986	.4987	.4987	.4988	.4988	.4989	.4989	.4989	.4990	.4990
3.1	.4990	.4991	.4991	.4991	.4992	.4992	.4992	.4992	.4993	.4993
3.2	.4993	.4993	.4994	.4994	.4994	.4994	.4994	.4995	.4995	.4995
3.3	.4995	.4995	.4996	.4996	.4996	.4996	.4996	.4996	.4996	.4997
3.4	.4997	.4997	.4997	.4997	.4997	.4997	.4997	.4997	.4997	.4998
3,5	.4998	.4998	.4998	.4998	.4998	.4998	.4998	.4998	.4998	.4998
3.6	.4998	.4998	.4999	.4999	.4999	.4999	.4999	.4999	.4999	.4999
3.7	.4999	.4999	.4999	.4999	.4999	.4999	.4999	.4999	.4999	.4999
3.8	.4999	.4999	.4999	.4999	.4999	.4999	.4999	.4999	.4999	.4999
3.9	.5000	.5000	.5000	.5000	.5000	.5000	.5000	.5000	.5000	.5000

Tafeln entwickelt in Anlehnung an: Beichelt, F., Montgomery, D. (Hrsg.), Taschenbuch der Statistik, Stuttgart, Leipzig, Wiesbaden 2003

Mathematische Grundlagen der induktiven Statistik (Doris Holland)

1 Fakultäten

n Fakultät oder n!

n Fakultät ist eine abkürzende Schreibweise für das Produkt der Natürlichen Zahlen von 1 bis n:

$n! = 1 \cdot 2 \cdot 3 \cdot 4 \cdot \ldots \cdot (n-2) \cdot (n-1) \cdot n \qquad n \in \mathbb{N}$

Beispiele:

$0! = 1$ Definition
$1! = 1$
$2! = 1 \cdot 2 = 2$
$3! = 1 \cdot 2 \cdot 3 = 6$
$4! = 1 \cdot 2 \cdot 3 \cdot 4 = 24$
$5! = 1 \cdot 2 \cdot 3 \cdot 4 \cdot 5 = 120$
$10! = 3.628.800$
$50! = 3{,}0414 \cdot 10^{64}$
$69! = 1{,}7112 \cdot 10^{98}$ Ist die größte Fakultät, die sich mit einem gängigen Taschenrechner ermitteln lässt.

2 Binomialkoeffizient und Binomischer Lehrsatz

Der **Binomialkoeffizient** $\binom{n}{k}$ (lies: n über k) ist eine abkürzende Schreibweise für einen Quotienten, der in der Kombinatorik eine besondere Bedeutung hat:

$$\binom{n}{k} = \frac{n!}{(n-k)!\,k!} \qquad n, k \in \mathbb{N} \quad k \leq n$$

Beispiele:

$$\binom{10}{3} = \frac{10!}{7!\,3!} = \frac{1\cdot2\cdot3\cdot4\cdot5\cdot6\cdot7\cdot8\cdot9\cdot10}{1\cdot2\cdot3\cdot4\cdot5\cdot6\cdot7\cdot\;1\cdot2\cdot3} = \frac{8\cdot9\cdot10}{2\cdot3} = 120$$

$$\binom{79}{74} = \frac{79!}{5!\,74!} = \frac{1\cdot2\cdot3\cdot\ldots\cdot79}{1\cdot2\cdot3\cdot4\cdot5\cdot\;1\cdot2\cdot3\cdot\ldots\cdot74} =$$

$$= \frac{75\cdot76\cdot77\cdot78\cdot79}{1\cdot2\cdot3\cdot4\cdot5} = 22.537.515$$

Der Name „Binomialkoeffizient" leitet sich aus dem **Binomischen Lehrsatz** ab.

$$(a+b)^n = \sum_{k=0}^{n} \binom{n}{k} \cdot a^{n-k} \cdot b^k = \binom{n}{0} \cdot a^n \cdot b^0 + \binom{n}{1} \cdot a^{n-1} \cdot b^1 +$$

$$+ \binom{n}{2} \cdot a^{n-2} \cdot b^2 + \;\ldots\; + \binom{n}{n-1} \cdot a^1 \cdot b^{n-1} + \binom{n}{n} \cdot a^0 \cdot b^n$$

Beispiel:

$$(a+b)^4 = \sum_{k=0}^{4} \binom{4}{k} a^{4-k} \cdot b^k$$

$$= \binom{4}{0} \cdot a^4 \cdot b^0 + \binom{4}{1} \cdot a^3 \cdot b^1 + \binom{4}{2} \cdot a^2 \cdot b^2 + \binom{4}{3} \cdot a^1 \cdot b^3 + \binom{4}{4} \cdot a^0 \cdot b^4$$

Nun ist es oft sehr mühsam, alle Binomialkoeffizienten auszurechnen (in obigem Beispiel müssen schon 5 Berechnungen durchgeführt werden). Deshalb ist bei solchen Aufgabenstellungen die Anwendung des Pascalschen Dreiecks eine große Hilfe. Die Binomialkoeffizienten für $(a+b)^n$ lassen sich der Reihe nach in der (n+1)-ten Zeile des Dreiecks ablesen.

Für das Beispiel $(a+b)^4$ ergibt sich also:

$$(a+b)^4 = \mathbf{1} \cdot a^4 \cdot b^0 + \mathbf{4} \cdot a^3 \cdot b^1 + \mathbf{6} \cdot a^2 \cdot b^2 + \mathbf{4} \cdot a^1 \cdot b^3 + \mathbf{1} \cdot a^0 \cdot b^4$$

Pascalsches Dreieck

										1										
									1		1									
								1		2		1								
							1		3		3		1							
						1		4		6		4		1						
					1		5		10		10		5		1					
				1		6		15		20		15		6		1				
			1		7		21		35		35		21		7		1			
		1		8		28		56		70		56		28		8		1		
	1		9		36		84		126		126		84		36		9		1	
1		10		45		120		210		252		210		120		45		10		1

← 5. Reihe, hier lassen sich die Koeffizienten für $(a + b)^4$ ablesen

Diese Überlegungen werden bei Wahrscheinlichkeitsberechnungen mit Hilfe der Binomialverteilung (Kapitel 2.2) benötigt.

3 Eulersche Zahl *e*

Die Eulersche Zahl e ist eine Naturkonstante und genau wie die Zahl π eine irrationale Zahl. Sie kann definiert werden als Grenzwert folgenden Ausdrucks:

$$e = \lim_{n \to \infty} \left(1 + \frac{1}{n}\right)^n = 2{,}71828\ldots \text{ (unendlich viele Nachkommastellen)}$$

Einige statistische Funktionen, beispielsweise die Normalverteilung (siehe Kapitel 3), sind e-Funktionen.

Die Umkehrfunktion der e-Funktion ist die natürliche Logarithmusfunktion ln zur Basis e.

Beispiel:

Die Normalverteilung $f(t) = \frac{1}{\sqrt{2\pi}} \cdot e^{-\frac{1}{2}t^2}$ besitzt an der Stelle t = 1,5 den

Funktionswert $f(1{,}5) = \frac{1}{\sqrt{2\pi}} \cdot e^{-\frac{1}{2} \cdot 1{,}5^2} = 0{,}1295176$

4 Permutationen

Unter Permutationen versteht man die **verschiedenen** Anordnungen von Elementen einer Grundmenge, wobei in jeder Anordnung **alle** Elemente der Grundmenge berücksichtigt werden müssen.

Sind alle Elemente der Grundmenge verschieden, werden die möglichen Anordnungen als **Permutationen ohne Wiederholung** bezeichnet.

Allgemein gilt für die Permutation ohne Wiederholung bei einer Grundmenge mit n Elementen:

$$P = n!$$

Beispiel:

Frau S. will ihre 12 unterschiedlichen Mokka-Tassen in einer Vitrine anordnen. Wie viele Möglichkeiten hat sie?

$P = 12! = 479.001.600$ Möglichkeiten

Lassen sich mindestens zwei Elemente der Grundmenge nicht voneinander unterscheiden, handelt es sich um **Permutationen mit Wiederholung**.

Werden die identischen Elemente der Grundmenge in r Teilmengen zusammengefasst und wird die Anzahl der Elemente aus der i-ten Teilmenge mit n_i bezeichnet, lässt sich die Anzahl der Permutationen folgendermaßen berechnen:

$$P = \frac{n!}{n_1!\,n_2!\ldots n_r!}$$

Beispiel:

Frau B. will ebenfalls ihre 12 Mokka-Tassen in einer Vitrine anordnen. Bei ihr sind jeweils die 5 italienischen und die 4 spanischen Tassen identisch. Wie viele Anordnungsmöglichkeiten hat sie?

$P = \frac{12!}{5!\,4!} = 166.320$ Möglichkeiten

5 Kombinationen

Unter einer Kombination k-ter Ordnung versteht man die Zusammenstellung von **k Elementen** aus einer Grundmenge von **n Elementen**.

Auch bei den Kombinationen wird wieder die Unterscheidung getroffen, ob alle Elemente der Grundmenge **verschieden** sind (Kombination ohne Wiederholung), oder ob mindestens zwei Elemente der Grundmenge **gleich** sind (Kombination mit Wiederholung).

Beispiel:

a a b c   b b b c   a b c c   a c a c

sind Kombinationen 4. Ordnung mit Wiederholung.

Weiter kann bei Kombinationen unterschieden werden, ob die **Reihenfolge** der Elemente eine Rolle spielen soll (Kombination mit Berücksichtigung der Anordnung) oder nicht (Kombination ohne Berücksichtigung der Anordnung).

Beispiel:

Die Zahlen 1, 2, 3 sind als Kombinationen 2. Ordnung anzuordnen.

Mit Berücksichtigung der Anordnung: Man erhält 6 verschiedene Anordnungen:

12 21 13 31 23 32

Ohne Berücksichtigung der Anordnung: Man erhält 3 verschiedene Anordnungen:

12 13 23

Insgesamt ergeben sich 4 verschiedene Kombinationsarten, wobei die Kombination ohne Wiederholung und ohne Berücksichtigung am häufigsten Anwendung findet. Die entsprechenden Formeln für die Berechnung der Anordnungen sind in der folgenden Tabelle aufgelistet:

Kombination k-ter Ordnung	mit Berücksichtigung der Anordnung	ohne Berücksichtigung der Anordnung
ohne Wiederholung (n = Anzahl der Elemente in der Grundmenge)	$K_{k(n)} = \frac{n!}{(n-k)!}$	$K_{k(n)} = \binom{n}{k}$
Mit Wiederholung (n = Anzahl der verschiedenen Elemente in der Grundmenge)	$K_{k(n)} = n^k$	$K_{k(n)} = \binom{n+k-1}{k}$

Beispiele:

1. Eine Klasse mit 25 Schülern wählt ihren Klassensprecher und seinen Stellvertreter. Wie viele Möglichkeiten gibt es?

   Es handelt sich um eine Kombination ohne Wiederholung mit Berücksichtigung der Anordnung, n = 25, k = 2

$$K_{k(n)} = K_{2(25)} = \frac{n!}{(n-k)!} = \frac{25!}{23!} = 25 \cdot 24 = 600 \text{ Möglichkeiten}$$

2. Bei einer Sitzung begrüßen sich alle 30 Mitglieder mit Handschlag. Wie viele „Handschläge" wird es geben?

   Es handelt sich um eine Kombination ohne Wiederholung ohne Berücksichtigung der Anordnung, n = 30, k = 2

$$K_{k(n)} = K_{2(30)} = \binom{n}{k} = \binom{30}{2} = \frac{30!}{28!\,2!} = 435 \text{ Handschläge}$$

3. Eine Münze wird m-mal geworfen. Die Ergebnisse werden fortlaufend notiert.

   Wie viele Kombinationen sind denkbar?

   Es handelt sich um eine Kombination mit Wiederholung mit Berücksichtigung der Anordnung, n = 6, k = m

   $$K_{k(n)} = K_{m(6)} = 6^m$$

4. In einem Krankenhaus werden in einer Nacht 8 Kinder geboren. Am Morgen soll in einer Statistik die Anzahl der Mädchen und die Anzahl der Jungen notiert werden, die in der Nacht geboren wurden. Wie viele Notierungen sind möglich?

   Es handelt sich um eine Kombination mit Wiederholung ohne Berücksichtigung der Anordnung, n = 2, k = 8

   $$K_{k(n)} = K_{8(2)} = \binom{n+k-1}{k} = \binom{9}{8} = 9$$

Lösungen zu den Fragen

Kapitel 1: Grundbegriffe der Wahrscheinlichkeit

1. „Günstige Fälle“ sind diejenigen Ereignisse, die gesucht werden. „Gleichmögliche Fälle“ sind alle Ereignisse, die auftreten können – gleich, ob diese gesucht werden oder nicht – sie sind er Ereignisraum.

2. Der Multiplikationssatz fragt nach der „Sowohl-als-auch“, das heißt „und“ Wahrscheinlichkeit; der Additionssatz nach der „Entweder-oder“ das heißt „oder“ Wahrscheinlichkeit.

3. Mit Hilfe der Kombinatorik lässt sich der Ereignisraum festlegen; sie wird benutzt, wenn die Anzahl der Experimente sehr groß ist.

4. Im Fall „mit“ Zurücklegen ist die Anzahl der Versuche unendlich und die eingetretenen Ergebnisse beeinflussen die folgenden nicht. Im Fall „ohne“ Zurücklegen ist die Anzahl der Versuche endlich und die eingetretenen Ereignisse beeinflussen die folgenden Ergebnisse.

5. Nein, denn die Wahrscheinlichkeit als Quotient kann 1 nicht übersteigen.

6. Nein, denn der Quotient muss einen positiven Nenner und einen positiven Zähler haben, denn es gibt keine negative Zahl von günstigen oder gleichmöglichen Ereignissen.

Kapitel 2: Diskrete Wahrscheinlichkeitsverteilungen

1. Diskrete Merkmale sind einzeln abzählbar.

2. Der Wahrscheinlichkeitsraum und die unterschiedlichen Anordnungen werden über die Kombinatorik mitbestimmt und müssen nicht gesondert bestimmt werden.

3. Binomialverteilung ist der Fall „mit“ und die Hypergeometrische Verteilung der Fall „ohne“ Zurücklegen.

4. Die Hypergeometrische Verteilung, denn in der wirtschaftlichen Praxis liegt fast immer der Fall „ohne“ Zurücklegen und damit Abhängigkeit der Merkmale vor.

5. Für die Hypergeometrische Verteilung benötigen man immer den Umfang der Grundgesamtheit N, der aber oftmals nicht bekannt ist.
   Die Binomialverteilung kommt dagegen mit n, der Anzahl der gezogenen Merkmale, aus.

6. Wenn die Anzahl der gesuchten Einzelwahrscheinlichkeiten sehr groß wird, wird der Rechenaufwand ebenfalls sehr groß, d. h. die Formeln werden unhandlich.

7. Durch Anwendung anderer Verteilungen, z. B. Normalverteilung.

8. Folgende Prüffragen sind bei Binomial- und Hypergeometrischer Verteilung identisch:
   Merkmalstyp = diskret
   Es handelt sich um sich ausschließende Merkmale
   Anteil/Anzahl der gesuchten Merkmale bekannt
   Die letzte Prüffrage bringt die Entscheidung:
   Fall „mit" Zurücklegen = Binomialverteilung
   Fall „ohne" Zurücklegen = Hypergeometrische Verteilung.

Kapitel 3: Stetige Wahrscheinlichkeitsverteilung

1. Stetig bedeutet, dass eine Funktion in einem bestimmten Intervall beliebig viele Werte annehmen kann.

2./3. Die Fläche unter einer Wahrscheinlichkeitsfunktion ist immer gleich 1. Dies entspricht dem Axiom, dass ein sicheres Ereignis die Wahrscheinlichkeit 1 besitzt.

4. Es gibt unendlich viele unterschiedliche Normalverteilungen. Diese werden transformiert in die Standardnormalverteilung mit $\mu = 0$ und $\sigma = 1$. Für diese Normalverteilung existiert eine Tabelle der Flächenanteile.

5. In der Transformation der Normalverteilung werden alle Mittelwerte der unterschiedlichen Funktionen in den Mittelwert 0 geschoben. Alle Standardabweichungen werden so verschoben, bis der Wendepunkt bei 1 liegt. Damit wird der Maßstab der Zufallsvariablen x in den Maßstab t überführt.

6. Die Binomialverteilung ist sehr unhandlich, wenn eine große Anzahl von Einzelwahrscheinlichkeiten zu bestimmen ist. Hier kann in der Normalverteilung eine Fläche berechnet werden.

   Über die Binomialverteilung kann μ und σ einfach bestimmt werden und damit kann über die Normalverteilung die Wahrscheinlichkeit als Flächenanteil berechnet werden.

Kapitel 4: Intervallschätzung

1. Der Inklusionsschluss schließt von der bekannten Grundgesamtheit auf die unbekannten Parameter der Stichprobe.

2. Der Endlichkeitskorrekturfaktor wird benötigt, wenn die Stichprobe ohne Zurücklegen aus der Grundgesamtheit entnommen wurde. Wenn der Auswahlsatz aber unter 5 Prozent liegt, so sagt eine Faustregel, kann auf den Korrekturfaktor verzichtet werden.

3. Die quantitative Fragestellung beschäftigt sich mit Mittelwerten (absoluten Werten).

Kapitel 5: Notwendiger Stichprobenumfang

1. Der absolute Stichprobenfehler $|e|$ gibt die Breite der Schätzung an, die man bereit ist zu akzeptieren. Hierbei handelt es sich um eine Schwankung in beide Richtungen.

2. Für die Berechnung des notwendigen Stichprobenumfangs im qualitativen Fall müssen der gesuchte Anteil P und seine Gegenwahrscheinlichkeit Q bekannt sein.
   Wenn keinerlei Informationen zum gesuchten Anteil P vorliegen, beispielsweise aus früheren Untersuchungen, geht man davon aus, dass $P = Q = 0{,}5$.
   Diese Annahme entspricht dem „worst case" für die Berechnung, da das Produkt aus P und Q, das in die Formel einfließt, in diesem Fall maximal ist. Damit wird der Stichprobenumfang eventuell zu hoch, aber auf keinen Fall zu niedrig.

3. Für die Berechnung des notwendigen Stichprobenumfangs muss dieser Umfang bekannt sein, damit die Entscheidung getroffen werden kann, ob mit oder ohne Endlichkeitskorrektur gerechnet werden soll.
   Außerdem muss im qualitativen Fall P und im quantitativen Fall die Standardabweichung bekannt sein.

Kapitel 7: Hypothesentestverfahren

1. Der Fehler 1. Art oder α-Fehler bedeutet die falsche Ablehnung der Nullhypothese.

   Die Wahrscheinlichkeit für einen α-Fehler wird durch die Wahl des Sicherheitsgrades bestimmt. Bei einem Sicherheitsgrad von 95 % ist die Wahrscheinlichkeit, einen α-Fehler zu begehen, 5 %.

2. Alternativhypothese H_1: Die Differenz zwischen dem in der Hypothese festgelegten Wert der Grundgesamtheit und dem empirisch ermittelten Wert der Stichprobe ist nicht allein durch den Einfluss des Zufalls des Stichprobenverfahrens zu erklären.

Lösungen zu den Aufgaben

Kapitel 1: Grundbegriffe der Wahrscheinlichkeit

1. P(E) = P(Giro) + P(Spar) – P(beide) = 0,8 + 0,6 – 0,5 = 0,9 ; 1 – 0,9 = 0,1

2. a. P(E) = P(weibl.) x P(nicht Hochschule) = 0,20 · 0,10 = 0,02 d.h. 2 %

   b.

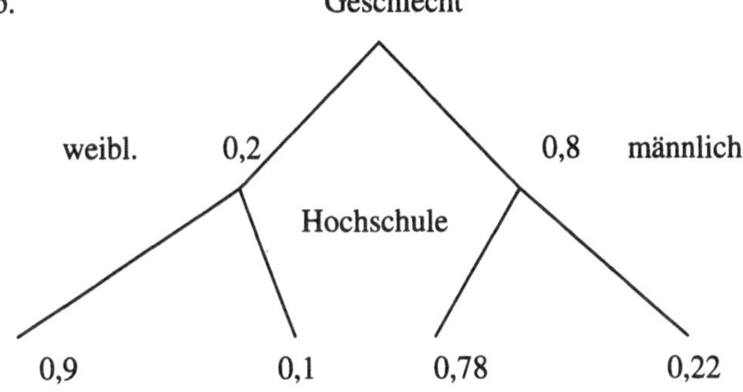

   c. Im Entscheidungsbaum sind alle möglichen Ereignisse eingetragen; er ist der Ereignisraum, die Summe aller Wahrscheinlichkeiten ergibt eins.

Kapitel 2: Diskrete Wahrscheinlichkeitsverteilungen

1. $\text{Wkt}\,(x = 2) = \text{Wkt}_{4,2} = \binom{4}{2} 0{,}25^2 \cdot 0{,}75^2 =$

$$= \frac{4 \cdot 3 \cdot 2 \cdot 1}{2 \cdot 1 \cdot 2 \cdot 1} \cdot 0{,}25^2 \cdot 0{,}75^2 = 0{,}21$$

$\text{Wkt}\,(x = 3) = \text{Wkt}_{4,3} = \binom{4}{3} 0{,}25^3 \cdot 0{,}75^1 =$

$$= \frac{4 \cdot 3 \cdot 2 \cdot 1}{3 \cdot 2 \cdot 1 \cdot 1} \cdot 0{,}25^3 \cdot 0{,}75^1 = 0{,}047$$

2a. Wkt (x = 0) = $\binom{6}{0}\ 0{,}3^0 \cdot 0{,}7^6 = 0{,}1176$

2b. Wkt (x = 1) = $\binom{6}{1}\ 0{,}3^1 \cdot 0{,}7^5 = 0{,}3025$

2c. Wkt (x = 0) + Wkt (x = 1) = 0,1176 + 0,3025 = 0,4201

2d. $\mu = n \cdot p = 6 \cdot 0{,}3 = 1{,}8$

Im Durchschnitt werden pro Stunde 1,8 Abschlüsse gemacht.

3. Wkt (x = 2) = $\dfrac{\binom{4}{2} \cdot \binom{15-4}{5-2}}{\binom{15}{5}} = 0{,}3297$

4a. Wkt (x = 2) = $\dfrac{\binom{3}{2} \cdot \binom{8-3}{4-2}}{\binom{8}{4}} = 0{,}4286$

4b. Wkt ($0 \leq x \leq 2$) =

$$= \frac{\binom{3}{0} \cdot \binom{8-3}{4-0}}{\binom{8}{4}} + \frac{\binom{3}{1} \cdot \binom{8-3}{4-1}}{\binom{8}{4}} + \frac{\binom{3}{2} \cdot \binom{8-3}{4-2}}{\binom{8}{4}} = 0{,}9286$$

5a. Die Sendung besteht aus N = 50 Stück; davon sind M = 5 defekt; es werden n = 10 herausgegriffen und gefragt nach x = 2.

Wkt (x = 2) = $\dfrac{\binom{5}{2} \cdot \binom{50-5}{10-2}}{\binom{50}{10}} = 0{,}2098$

5b. Für die Lösung mit der Binomialverteilung fehlt der Mittelwert

$\mu = n \cdot p = 10 \cdot 0{,}1 = 1$

und die Standardabweichung $\sigma = \sqrt{n \cdot p \cdot q} = \sqrt{10 \cdot 0{,}1 \cdot 0{,}9} = 0{,}94$

$$\text{Wkt}\ (x = 2) = \binom{10}{2} \cdot 0{,}1^2 \cdot 0{,}9^8 = 0{,}1937$$

5c. Die richtige Verteilung ist die Hypergeometrische Verteilung, da ein einmal geprüftes Gerät nicht nochmals geprüft wird.

5d. Beide Verteilungen haben den Nachteil, dass sei bei großen Werten recht unhandlich werden und der Rechenaufwand sehr hoch wird.

Kapitel 3: Stetige Wahrscheinlichkeitsverteilung

1a. $t = \dfrac{25 - 20}{4} = 1{,}25$

1b. laut Tabelle 2: 0,3944

1c. $t = \dfrac{18 - 20}{4} = -0{,}5$ laut Tabelle 1: 0,3085

2. Da sehr viele Kugellager hergestellt werden, unterstellt man die Normalverteilung, obwohl ein diskretes Merkmal vorliegt. Zur Lösung empfiehlt sich eine Skizze der Normalverteilung.

2a. $t = \dfrac{20{,}27 - 20{,}00}{0{,}15} = 1{,}8$ laut Tabelle 2: 0,4641 also 46,41 %

2b. t (wie unter a) = 1,8 laut Tabelle2: 0,5 – 0,4641 = 0,0359 also 3,59 %

2c. $t_1 = \dfrac{19{,}85 - 20{,}00}{0{,}15} = -1$ Tabelle 1: 0,1587 also: 0,5 – 0,1587 = 0,3413

$t_2 = \dfrac{20{,}30 - 20{,}00}{0{,}15} = 2$ Tabelle 2: 0,4772

Beide Flächenteile zusammen ergeben die gesuchte Wahrscheinlichkeit von 0,8185 also 81,85 %.

2d. $t = \dfrac{19{,}91 - 20{,}00}{0{,}15} = -0{,}6$ Tabelle 1: 0,2743 also 27,43 %

3a. $t = \dfrac{2{,}0 - 2{,}8}{0{,}3} = -2{,}67$ Tabelle 1: 0,0038 also 0,38 %

3b. $t_1 = \dfrac{2{,}7 - 2{,}8}{0{,}3} = -0{,}33$ Tabelle 1: 0,3707

$t_2 = \dfrac{2{,}4 - 2{,}8}{0{,}3} = -1{,}33$ Tabelle 1: 0,0918

Der Anteil ist 0,3707 – 0,0918 = 0,2789 also 27,89 %

4. $t = \dfrac{80{,}5 - 60}{10} = 2{,}05$ Tabelle 2: 0,5 – 0,4798 = 0,0202 also 2,02 %.

Da er wöchentlich fährt, sind die 2 % auf 52 Wochen im Jahr umzurechnen;

2 % von 52 liegt zwischen 1 und 2, so dass man sagen kann: er wird an 1 bis

2 Tagen im Jahr die Nachfrage nicht befriedigen können.

5. Es handelt sich hier um einen typischen Fall der Binomialverteilung, denn es ist weder der Mittelwert noch die Standardabweichung bekannt. Die Anwendung der Binomialverteilung ist sehr schwierig, denn die Bedingung „mehr als 80 Stücke" wird von allen Werten, die darüber liegen, erfüllt, das heißt man müsste 920 Einzelrechnungen der Binomialverteilung ausführen.

Die Lösung kann über die Normalverteilung erfolgen, wenn folgende Bedingung erfüllt ist: $n \cdot p \cdot q > 9$

Es gilt: $1000 \cdot 0{,}06 \cdot 0{,}94 = 56{,}4 > 9$, die Normalverteilung kann verwendet werden.

Über die Binomialverteilung werden μ und σ bestimmt.

$$\mu = n \cdot p = 60 \quad und \quad \sigma = \sqrt{n \cdot p \cdot q} = \sqrt{1000 \cdot 0{,}06 \cdot 0{,}94} = 7{,}51$$

$t = \dfrac{80{,}5 - 60}{7{,}51} = 2{,}73$ Tabelle 2: 0,5 – 0,4968 = 0,0032 also 0,32 %

6. Im Gegensatz zu den bisherigen Aufgaben ist der Mittelwert nicht bekannt, sondern ist zu bestimmen. Das bedeutet, dass man zu dem vorgegebenen Anteil von 95 % den zugehörigen t-Wert aus der Tabelle 2 entnimmt, zuvor sind jedoch die 95 % durch zwei zu teilen, entspricht 0,4750. Der t-Wert der Tabelle 2 ergibt 1,96.

   Hieraus ergibt sich: $1{,}96 = \frac{45 - \mu}{5}$

$$\mu = 45 - 1{,}96 \cdot 5 = 35{,}2$$

   Die Beratungsgespräche dauern im Durchschnitt 35,2 Minuten.

Kapitel 4: Intervallschätzung

1. Da der Auswahlsatz in diesem Fall 1 % beträgt (nur 1 % der 500.000 Adressen werden in dem Test angesprochen), kann auf die vereinfachte Formel zurückgegriffen werden.
   Die Werte betragen:
   p = 0,03 Responsequote im Test 3 %
   q = 0,97 Quote der Nichtreagierer 97 %
   n = 5.000 Stichprobenumfang
   t = 1,96 Sicherheitsgrad 95 %
   P = ? Responsequote bei der Hauptaussendung

$$0{,}03 - 1{,}96 \cdot \sqrt{\frac{0{,}03 \cdot 0{,}97}{5000}} \le P \le 0{,}03 + 1{,}96 \cdot \sqrt{\frac{0{,}03 \cdot 0{,}97}{5000}}$$

$$0{,}03 - 1{,}96 \cdot 0{,}002412 \le P \le 0{,}03 + 1{,}96 \cdot 0{,}002412$$

$$0{,}025272 \le P \le 0{,}034728$$

   Das Testergebnis lässt die folgende Aussage zu:

   Mit einer Wahrscheinlichkeit von 95 % wird bei der Hauptaussendung eine Responsequote erzielt, die zwischen 2,53 und 3,47 % liegen wird.

2. Da hier ein Auswahlsatz von 10 % gilt, muss der Endlichkeitskorrekturfaktor berücksichtigt werden.

$$0{,}005-1{,}96\cdot\sqrt{\frac{0{,}005\cdot 0{,}995\cdot(60.000-6.000)}{6.000\cdot(60.000-1)}}\le P$$

$$\le 0{,}005+1{,}96\cdot\sqrt{\frac{0{,}005\cdot 0{,}995\cdot(60.000-6.000)}{6.000\cdot(60.000-1)}}$$

$$0{,}005 - 1{,}96\cdot 0{,}000864 \le P \le 0{,}005 + 1{,}96\cdot 0{,}000864$$

$$0{,}003307 \le P \le 0{,}006693$$

Mit einer Wahrscheinlichkeit von 95 % wird bei der Hauptaussendung eine Response erzielt, die zwischen 0,33 und 0,67 % liegen wird.

Kapitel 5: Notwendiger Stichprobenumfang

1. $$n \ge \frac{t^2 \cdot P \cdot Q}{e^2}$$

$P = 0{,}02$ (Response 2 %)

$Q = 0{,}98$ ($Q = 1 - P$)

$t = 1{,}96$ (Tabelle der Standardnormalverteilung)

$e = 0{,}004$ (Stichprobenfehler ± 0,4 %)

n ≥ **Fehler!** = 4.705,96

Es müssten mindestens 4.706 Mailings versandt werden.

Wenn bei diesem Test eine Rücklaufquote von 2 Prozent erreicht wird, wird mit einem Sicherheitsgrad von 95 % dann bei der Hauptaussendung eine Rücklaufquote zwischen 1,6 % und 2,4 % eintreten.

Wenn die geschätzte Response von 2 % nicht erreicht wird, kann eine Intervallschätzung durch die Formeln für Konfidenzintervalle berechnet werden.

Kapitel 7: Hypothesentestverfahren

1. Es handelt sich um einen quantitativen Parametertest.

1. Schritt: Aufstellung der Hypothesen

H_0: $\mu = 360$

H_1: $\mu > 360$

2. Schritt: Festlegung des Tests

$$t = \frac{|\bar{x} - \mu|}{\sqrt{\frac{\sigma^2}{n}}}$$

3. Schritt: Festlegung des kritischen Wertes

Einseitiger Test:

$t_{krit} = 1{,}645$

4. Schritt: Berechnung der Prüfgröße

$\sigma^2 = 1{,}44$ Stunden^2

$\sigma = 1{,}2$ Stunden = 72 Minuten

$\sigma^2 = 5184$ Minuten^2

$$t = \frac{|400 - 360|}{\sqrt{\frac{5184}{150}}} = 6{,}8041$$

5. Schritt: Statistische Entscheidung

Der berechnete t-Wert ist größer als der kritische Wert.

Die Nullhypothese muss also abgelehnt werden. Die durchschnittliche Bearbeitungszeit ist länger als 6 Stunden!

Literaturverzeichnis

Beichelt, F., Montgomery, D. (Hrsg.), Taschenbuch der Statistik, Stuttgart, Leipzig, Wiesbaden 2003

Bleymüller, J., Gehlert, G., Gülicher, H., Statistik für Wirtschaftswissenschaften, 13. Aufl., München 2002

Hippmann, H.-D., Formelsammlung Statistik, Stuttgart 1995

Hippmann, H.-D., Statistik für Wirtschafts- und Sozialwissenschaftler, 3. Aufl., Stuttgart 2003

Holland, H., Holland, D., Mathematik im Betrieb, 6. Aufl., Wiesbaden 2001

Holland, H., Scharnbacher, K., Grundlagen der Statistik, 6. Aufl., Wiesbaden 2002

Scharnbacher, K., Statistik im Betrieb, 13. Aufl., Wiesbaden 2002

Schwarze, J., Grundlagen der Statistik II, Wahrscheinlichkeitsrechnung und induktive Statistik, 7. Aufl., Herne, Berlin, 2001

Abbildungsverzeichnis

Stichwortverzeichnis

Keine Angst vor Statistik !

Heinrich Holland, Kurt Scharnbacher

Grundlagen der Statistik

Datenerfassung und -darstellung,
Maßzahlen, Indexzahlen, Zeitreihenanalyse
6, überarbeitete Auflage 2003
X, 139 S., Br. € 21,90
ISBN 3-409-52700-1

Inhalt:
Dieses Buch vermittelt die grundlegenden statistischen Methoden und zeigt auf, wie sie im Betrieb eingesetzt werden können. Ausgehend von den Grundbegriffen der Statistik beschreiben die Autoren die Probleme der Datenerfassung und die Darstellungsmöglichkeiten der erfassten Daten. Die Methoden der Analyse dieser Daten und die damit verbundene Komprimierung von Informationen werden an den statistischen Maßzahlen, den Verhältnis- und Indexzahlen und der Zeitreihenanalyse erläutert. Zahlreiche Beispiele und Fragen mit Musterlösungen runden die inhaltliche Darstellung ab. Weitere Aufgaben, ebenfalls mit ausführlichen Lösungen, regen den Leser zur Nacharbeit an. Das Buch eignet sich besonders für den Unterricht an Wirtschaftsfachschulen, Wirtschaftsgymnasien, Leistungskursen Wirtschaft an Gymnasien und Fachakademien.